H. J. Blaß, P. Schädle

Verhalten einer Massivholzbauweise unter Erdbebenlasten

Titelbild: Wandscheibe in Massivholzbauweise und deren Finite-Elemente-Modell

Band 18 der Reihe
Karlsruher Berichte zum Ingenieurholzbau

Herausgeber
Karlsruher Institut für Technologie (KIT)
Lehrstuhl für Ingenieurholzbau und Baukonstruktionen
Univ.-Prof. Dr.-Ing. H. J. Blaß

Verhalten einer Massivholzbauweise unter Erdbebenlasten

Das Projekt „Entwicklung eines multifunktionalen Massivholzwandelementes mit besonderen Schalldämmungs- und Erdbebenschutzeigenschaften" wurde im Rahmen des Programms „Zentrales Innovationsprogramm Mittelstand" (ZIM) über die Arbeitsgemeinschaft industrieller Forschungsvereinigungen „Otto von Guericke" e.V. (AIF) unter den Förderkennzeichen KF 2007003RH8 (KIT) bzw. KF2143801RH8 (Lignotrend) gefördert. Die Verantwortung für den Inhalt dieser Veröffentlichung liegt bei den Autoren.

H. J. Blaß
P. Schädle
Karlsruher Institut für Technologie (KIT)
Lehrstuhl für Ingenieurholzbau und Baukonstruktionen

Impressum

Karlsruher Institut für Technologie (KIT)
KIT Scientific Publishing
Straße am Forum 2
D-76131 Karlsruhe
www.ksp.kit.edu

KIT – Universität des Landes Baden-Württemberg und nationales
Forschungszentrum in der Helmholtz-Gemeinschaft

Diese Veröffentlichung ist im Internet unter folgender Creative Commons-Lizenz
publiziert: http://creativecommons.org/licenses/by-nc-nd/3.0/de/

KIT Scientific Publishing 2011
Print on Demand

ISSN 1860-093X
ISBN 978-3-86644-721-9

Vorwort

Dieser Forschungsbericht stellt die Ergebnisse eines Kooperationsprojektes zwischen einem mittelständischen Unternehmen, der Lignotrend GmbH, und der Abteilung Holzbau und Baukonstruktionen der Versuchsanstalt für Stahl, Holz und Steine (VA SHS) des Karlsruher Instituts für Technologie (KIT) vor.

Das Projekt „Entwicklung eines multifunktionalen Massivholzwandelementes mit besonderen Schalldämmungs- und Erdbebenschutzeigenschaften" wurde im Rahmen des Programms „Zentrales Innovationsprogramm Mittelstand" (ZIM) über die Arbeitgemeinschaft industrieller Forschungsvereinigungen „Otto von Guericke" e.V. (AIF) unter den Förderkennzeichen KF 2007003RH8 (KIT) bzw. KF2143801RH8 (Lignotrend) gefördert.

Ziel des Projektes war die Entwicklung eines multifunktionalen Massivholzwandsystems mit besonderen Schalldämmungs- und Erdbebenschutzeigenschaften. Die VA SHS und die Lignotrend GmbH arbeiten dahingehend zusammen, dass die Wandelemente bezüglich ihrer Eigenschaften unter Erdbebenlasten weiter entwickelt und verbessert werden sollen.

Aufgabe der VA SHS war die Untersuchung geeigneter Verbindungsmittel sowie die Durchführung von Versuchen an Wandscheiben. Mittels umfangreicher Versuchsreihen und numerischer Simulationen wurden Mechanismen zur Weiterleitung der eingetragenen Kräfte und zur Energiedissipation untersucht. Aufbauend auf den Untersuchungen und Berechnungen wurde unter anderem ein Verhaltensbeiwert q für die Erdbebenbemessung vorgeschlagen.

Herrn Dipl.-Ing. Benedikt Peitz sei herzlich für seinen tatkräftigen Einsatz bei der Durchführung der Versuche an Verbindungsmitteln, Herrn Dipl.-Ing. Patrick Höhl für seine grundlegende Arbeit bei der Erstellung der numerischen Modelle für die Bauweise gedankt.

Die Zuganker des Typs C für die Wandscheibenversuche der Elemente Fux6S wurden durch Herrn Dietmar Rolle, Firma GH-Baubeschläge GmbH, kostenfrei zur Verfügung gestellt.

Allen Beteiligten ist für die Mitarbeit zu danken.

Karlsruhe, November 2011   Die Verfasser

Inhalt

1   Einleitung

Für die Ausführung von Wohn- und Geschäftsbauten weit verbreitete und allgemein bekannte Holzbauweisen sind die Holztafelbauweise und die Holzskelettbauweise, die als Standardbauweisen im Holzbau angesehen werden können.

Seit einigen Jahren sind bei den Holzbauweisen kontinuierliche Veränderungen zu beobachten. Sowohl statisch-konstruktive als auch bauphysikalische Aspekte, verbesserte Produktionsmöglichkeiten für innovative Werkstoffe sowie Gedanken zur Nachhaltigkeit führten zu verschiedenen Neu- und Weiterentwicklungen bei Holzbauweisen für den ein- und mehrgeschossigen Wohn- und Verwaltungsbau. Positive Eigenschaften unter seismischen Beanspruchungen sowie einfacher und schneller Aufbau machen diese Holzbauweisen für erdbebengefährdete Gebiete interessant.

Eine rasante Entwicklung ist auf dem Gebiet des Brettsperrholzes zu beobachten. Die vielfältigen Einsatzmöglichkeiten dieses Produktes, die einfache Verarbeitung und der hinsichtlich statischer Anforderungen variable Aufbau haben zu einer breiten Akzeptanz auch für Bauten in seismisch gefährdeten Gebieten geführt. Ein siebengeschossiger Holzbau in Brettsperrholzbauweise wurde 2006 in Japan in einem Rütteltischversuch geprüft und überstand selbst starke Erdbeben mit nur geringen Schäden.

Die im Rahmen dieses Forschungsvorhabens untersuchten Brettsperrholzelemente der Lignotrend GmbH (www.lignotrend.de) sind spezielle Wandbauteile, die aus parallel oder kreuzweise miteinander verklebten Brettern oder Brettlagen aus Nadelholz hergestellt werden. Ziel des Forschungsvorhabens war die Entwicklung eines multifunktionalen Massivholzwandsystems mit besonderen Schalldämmungs- und Erdbebenschutzeigenschaften auf Basis der Lignotrend-Bauweise.

Je nach Aufbau werden die Holzelemente für tragende, aussteifende oder nicht tragende Bauteile verwendet. Die Brettsperrholzelemente bzw. –paneele im Rastermaß 62,5 cm werden auf passenden Schwellen und Rähmen montiert. Für ein Wandbauteil werden mehrere Elemente nebeneinander angeordnet und mit Brettern zur Schubkraftübertragung miteinander verbunden. Durch diesen besonderen Aufbau wird im Folgenden die Bezeichnung „Massivholz-Paneelbauweise" verwendet. So ist die Vorfertigung von Wandbauteilen auch größerer Abmessungen möglich, wobei Türen und Fenster vorab ausgespart werden. Hierdurch wird die Montagezeit für Rohbauten minimiert.

Die Brettsperrholzelemente selbst verformen sich auch unter hohen Horizontallasten kaum. Daher sind Verbindungsmittel zum Anschluss der Bretter für die Schubkraftübertragung („Koppelbretter") sowie zum Anschluss der Elemente an Schwelle und Rähm für das Verformungsverhalten der Wandscheibe unter horizontalen Lasten ausschlaggebend.

Holzbauten bieten unter seismischen Beanspruchungen einige Vorteile. Bezogen auf seine Tragfähigkeit besitzt der Werkstoff Holz eine geringe Masse. Bei Erdbeben ist die zur Schwingung angeregte Masse („seismische Masse") daher geringer als bei anderen Werkstoffen, die daraus resultierenden Kräfte entsprechend niedriger. Mechanische Holzverbindungen verhalten sich unter Belastung im allgemeinen „duktil", das heißt sie werden zäh und plastisch und nicht etwa spröde und schlagartig versagen. Dieses gutmütige Verhalten sorgt bei Erdbeben dafür, dass das Tragwerk zwar Schäden erleidet, eine Resttragfähigkeit jedoch auch nach großen Verformungen erhalten bleibt.

In diesem Bericht werden Versuche sowie numerische Berechnungen zur Untersuchung der Eigenschaften unter Erdbebenlasten vorgestellt. Ausgehend von umfangreichen Versuchen an Verbindungsmitteln über die Untersuchung von Zugankern bis zu Prüfungen an Wandscheiben in Originalgröße wurden alle für das Verhalten der Wand maßgeblichen Bauteile und Verbindungen untersucht.

Im Rahmen der numerischen Berechnungen wird der für die kraftbasierte Erdbebenbemessung benötigte Verhaltensbeiwert q angegeben. Mit q mindert der Tragwerksplaner die ermittelten Erdbebeneinwirkungen ab und setzt so geringere statische Ersatzlasten auf das Tragwerk an, was zu einem wirtschaftlicheren Bemessungsergebnis führt.

2 Wandbauweisen im Holzbau

2.1 Allgemeines

Neben der bekannten Holztafelbauweise und der Holzskelettbauweise konnten sich in den letzten Jahren einige neuartige Holzbausysteme am Markt etablieren. Fortschrittliche Produktionsverfahren für z.B. Brettsperrholz machen innovative Werkstoffe finanziell konkurrenzfähig. Die Nachhaltigkeit moderner Holzbauweisen sowie das angenehme Wohnklima bei gleichzeitig niedrigem Energieverbrauch führen zu einer breiten Akzeptanz. Oftmals sind mittelständische Unternehmen, die aus der praktischen Erfahrung heraus ein Produkt entwickeln oder verbessern, am Fortschritt der Holzbauweisen maßgeblich beteiligt.

Sowohl einige bekannte als auch die untersuchten innovativen Holzbausysteme sind im Folgenden kurz beschrieben, um die Unterschiede und Gemeinsamkeiten der Bauweisen darzustellen. Aufgrund der im Holzbau üblichen mechanischen Verbindungsmittel ergeben sich für alle Bauweisen günstige Eigenschaften unter seismischen Beanspruchungen. Kombiniert mit einfachem und schnellem Aufbau sind diese Systeme damit für den Einsatz in erdbebengefährdeten Gebieten interessant. Einen umfassenderen Einblick in gebräuchliche Holzbausysteme liefert Informationsdienst Holz (2000), die Brettsperrholzbauweise ist ausführlich in Studiengemeinschaft Holzleimbau (2010) beschrieben.

2.2 Bekannte Bauweisen

Holztafelbau

Bei der Holztafelbauweise wird ein Traggerippe aus vertikal angeordneten Rippen mit einer Beplankung aus Holzwerkstoffplatten versehen. Während die Rippen zur vertikalen Lastabtragung dienen, übernimmt die Beplankung eine aussteifende Funktion und trägt horizontale Lasten ab (Bild 2-1). Der obere Abschluss einer Wand wird durch das Rähm gebildet, den unteren Abschluss einer Wand bildet die Schwelle. Sowohl vertikale als auch horizontale Lasten werden über das Rähm eingeleitet, die Befestigung des Tafelelementes auf dem Fundament erfolgt über die Schwelle, die mit dem Fundament verdübelt wird. Zuganker werden zur Aufnahme der abhebenden Lasten an den Enden der Wandscheiben an den Endrippen angeordnet.

Der hohe Vorfertigungsgrad der Holztafelbauweise sorgt für eine schnelle und damit wirtschaftliche Bauausführung. Die Wände können in der Produktion bereits mit

Beplankung, Dämmung, Fenstern und Fassadenelementen versehen werden. Die Rohbauzeit, in der das Gebäude extrem witterungsempfindlich ist, wird so auf ein Minimum reduziert. Die Gestaltungsfreiheit wird durch den hohen Vorfertigungsgrad nur wenig eingeschränkt. Je nach Wandaufbau kann das Niveau des Wärme-, Schall- oder Brandschutzes variiert werden. Mit der Holztafelbauweise werden auch mehrgeschossige Gebäudekomplexe problemlos realisiert.

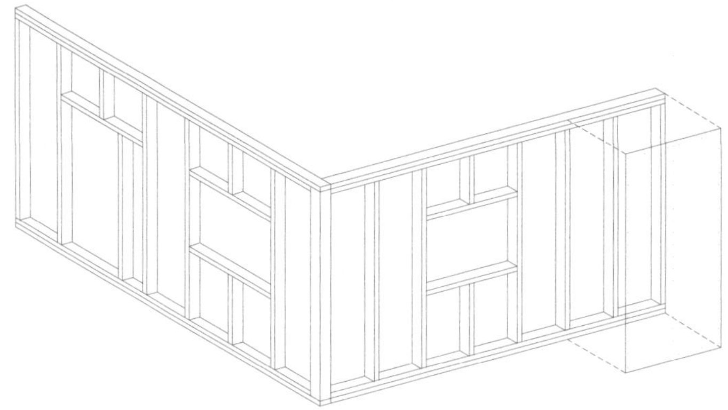

Bild 2-1   Holztafelbauweise

Stabförmige Bauweisen – Skelettbau

Die Holzskelettbauweise ist dem traditionellen Fachwerk ähnlich und ist innerhalb der hier beschriebenen Holzbausysteme die älteste Konstruktionsart. Stützen, Träger und Aussteifungselemente bilden das Tragwerk, das in einem regelmäßigen Raster steht (Bild 2-2).

Für die stabförmigen Bauteile kommen Holzwerkstoffe wie Konstruktionsvollholz oder Brettschichtholz zur Verwendung, die das Primärtragwerk bilden. Dieses übernimmt die vertikale Lastabtragung, die Decken werden als Sekundärtragwerke integriert. Hierfür werden vorgefertigte, flächige Bauteile oder Balkenlagen verwendet. Die Aussteifung erfolgt durch Verbände oder eingebaute Wandscheiben sowie durch die Deckenscheiben.

In vielen Fällen bleibt das Tragwerk sichtbar, wodurch die offene Gestalt das Bauwerk prägt. Die Grundrissgestaltung ist sehr flexibel, da die tragende Struktur unabhängig von den raumabschließenden Bauteilen bleiben kann. Somit können Trennwände zwischen die Stützen gestellt werden und bei Nutzungsänderung wieder entfernt werden (Brucker (1998)).

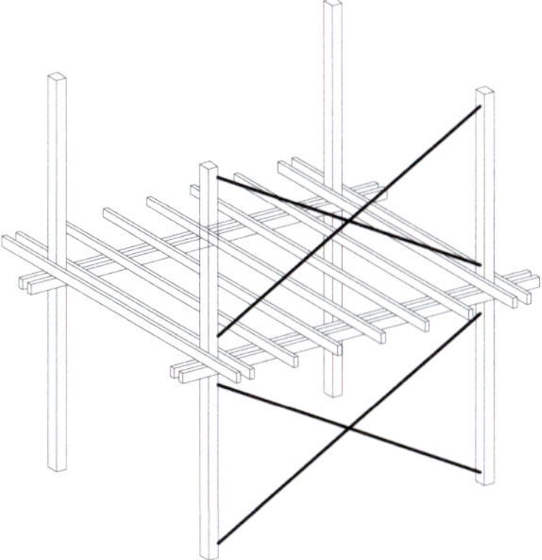

Bild 2-2   Holzskelettbauweise

Elementbauweisen – Einzelelement-Bauweise

Hauptmerkmal von Elementbauweisen sind die vorgefertigten Holzbausteine zur Errichtung von tragenden und aussteifenden Wänden. Die vorgefertigten Elemente bestehen im Wesentlichen aus zwei parallelen Platten, in deren Mitte vertikale Stege angebracht sind (Bild 2-3 a)). Je nach gewünschtem Dämmstandard sind verschiedene Wanddicken möglich.

Bild 2-3   Elementbauweise: a) Einzelelement, b) Details 1) Überstand Steg,
               2) Überstand Beplankung, c) Rohbau in Einzelelement-Bauweise

Die Stege stehen oben über das Element hinaus und sind an der Elementunterseite entsprechend zurückversetzt. Die Überstände greifen in die Verkürzungen ein, wodurch ein Verbund in der horizontalen Fuge entsteht. Die Beplankungslagen greifen beim Verlegen der Elemente ebenfalls ineinander, nach Abschluss der Rohbauarbeiten werden in die Überlappungen Klammern eingetrieben, um den Verbund dauerhaft zu sichern (Bild 2-3 b)). Für den unteren und oberen Abschluss der Wände sind Schwellen bzw. Rähme im System enthalten. Ähnlich dem Mauerwerksbau werden die einzelnen Lagen im Läuferverband verlegt (Bild 2-3 c)).

Durch den hohen Vorfertigungsgrad und die einfache Montage der Elemente wird eine schnelle und wirtschaftliche Bauausführung erreicht. Das maximale Gewicht eines Elementes beträgt ca. 25 kg, diese können also sogar ohne Hilfe eines Krans verlegt werden. Eine allgemeine bauaufsichtliche Zulassung für die Verwendung des Systems in bis zu dreigeschossigen Wohngebäuden und vergleichbar genutzten Gebäuden wurde 2007 erteilt (DIBt Z-9.1-677 (2007)).

Flächige Holzbausysteme – Brettsperrholz

Ein großer Innovationsschub fand in den letzten Jahren im Bereich der flächigen Holzbausysteme statt. Verbesserungen in der Fertigungstechnologie ermöglichen die Herstellung von großflächigen Wand-, Decken- oder Dachelementen, die als massive Platte oder Scheibe tragen und gleichzeitig die Gebäudeaussteifung übernehmen (Bild 2-4 a und b)). Durch die Verklebung oder Verdübelung von Schwach- oder Seitenholz entstehen hochwertige, maßhaltige Werkstoffe mit definierten Eigenschaften. Der hohe Vorfertigungsgrad sichert kurze Bauzeiten.

Brettsperrholz (BSPH) entsteht durch meist rechtwinklige Verklebung von Brettern oder Brettlagen, wobei die Dicke und Anzahl der einzelnen Lagen je nach Anforderung variiert werden kann. Durch moderne Fertigungsprozesse können Bauteile in Längen bis zu ca. 20 m, Breiten bis ca. 5 m und in Dicken zwischen 50 und 400 mm hergestellt werden. Auch gekrümmte Bauteile sind möglich.

Bild 2-4   a) BSPH-Querschnitte, b) Gedübeltes BSPH,
                 c) Aufrichten eines Gebäudes aus BSPH

Der Wunsch nach Verzicht auf Klebstoffe oder metallische Verbindungsmittel bei der Herstellung von BSPH führte zur Entwicklung von Brettdübelholz. Dies besteht meist aus einem tragendem Kern aus Kanthölzern, der beidseitig mit kreuzweise oder auch diagonal angebrachten Brettschichten versehen ist. Die Verbindung von

Brettern und Kanthölzern erfolgt mittels Laubholzdübeln, die das gesamte Bauteil durchdringen. Die getrockneten Laubholzdübel werden beim hydraulischen Einpressen befeuchtet, wodurch diese aufquellen und den Verbund mit dem umgebenden Holz herstellen. Die so entstandenen Massivholzelemente sind wiederum in großen Abmessungen lieferbar (Bild 2-4 c)).

2.3 Massivholz-Paneelbauweise

Die im Rahmen dieses Forschungsvorhabens untersuchten Brettsperrholzelemente sind spezielle Bauteile, die aus parallel oder kreuzweise (rechtwinklig) miteinander verklebten Brettern oder Brettlagen aus Nadelholz hergestellt werden. Der dem Brettsperrholz ähnliche Aufbau bringt hohe Formstabilität und Maßhaltigkeit sowie eine hohe Steifigkeit in Wand- oder Scheibenebene. Je nach Aufbau dürfen die Holzelemente für tragende, aussteifende oder nicht tragende Wand-, Decken- oder Dachbauteile verwendet werden. Dabei werden sie zur Aufnahme und Weiterleitung von Lasten sowohl rechtwinklig zur Elementebene als auch in Elementebene beansprucht. Wände in dieser Bauweise können in Wohngebäuden und vergleich-bar genutzten Gebäuden (Bürobauten, Schulen, Kindergärten) verwendet werden (DIBt Z-9.1-555 (2008)).

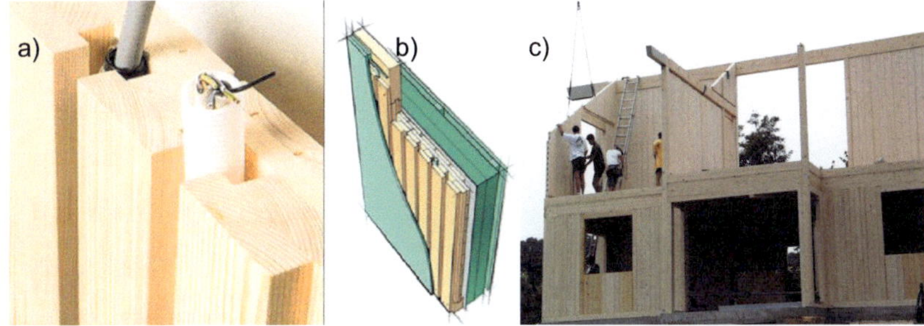

Bild 2-5   a) Detail Wandelement, b) Aufbau einer Außenwand,
            c) Rohbau Wohngebäude

Installationen können in den vorbereiteten Aussparungen des Systems (Bild 2-5 a)) verlegt werden. Je nach Anforderung an den Wärmeschutz kommen verschiedene Dämmsysteme zur Anwendung, die mit beliebig wählbaren Fassaden bekleidet werden können (Bild 2-5 b)). Den unteren bzw. oberen Abschluss einer Wand bilden Schwellen bzw. Rähme aus Brettschichtholz mit eingefrästen Nuten zur Aufnahme der Elemente. Die Decklage der Elemente steht an Ober- und Unterseite über. Dieser Überstand wird durch mechanische Verbindungsmittel mit Schwelle und Rähm verbunden. Wiederum sind durch den hohen Vorfertigungsgrad kurze Bauzeiten möglich, ein Gebäude im Rohbau ist in Bild 2-5 c dargestellt.

Die Paneele einer Wandscheibe sind untereinander mit vertikal angeordneten Brettern zur Schubkraftübertragung („Koppelbrettern") verbunden. Die Koppelbretter liegen jeweils mit ihrer halben Breite in entsprechenden Aussparungen an den Seiten der angrenzenden Elemente auf und werden mit mechanischen Verbindungsmitteln befestigt. Das zur Verbindung zwischen Koppelbrett und Wandelement verwendete stiftförmige Verbindungsmittel durchdringt je nach Aufbau der Stoßfuge auch mehrere Brettlagen. Die Koppelbretter bzw. die Verbindungsmittel leiten die bei horizontaler Belastung entstehenden Schubkräfte zwischen den einzelnen Wandelementen weiter. Verschiedene Verbindungsmittel sind für den Anschluss der Koppelbretter bzw. für den Anschluss der Überstände an Schwelle und Rähm möglich.

3 Erdbebenwirkung auf Holzbauten

Die auf ein Gebäude einwirkenden Belastungen wie Eigengewicht, Verkehrslasten oder Schneelasten wirken vertikal auf die Konstruktion. Dem gegenüber stehen Lasten, welche horizontal auf die Konstruktion einwirken, z.B. Wind- und Erdbebenlasten. Die daher erforderliche Aussteifung eines Wohngebäudes aus Holz wird im Allgemeinen durch rechtwinklig angeordnete Innen- und Außenwände übernommen. Horizontale Lasten werden von den Geschoßdecken zu den aussteifenden Wänden weitergeleitet. Die Wände leiten die horizontale Belastung in die darunter liegenden Decken oder Wände und schließlich in den Baugrund weiter. Die Anordnung der Wandtafel innerhalb des Gebäudes bestimmt ihren Anteil an der Abtragung der horizontalen Lasten (Bild 3-1).

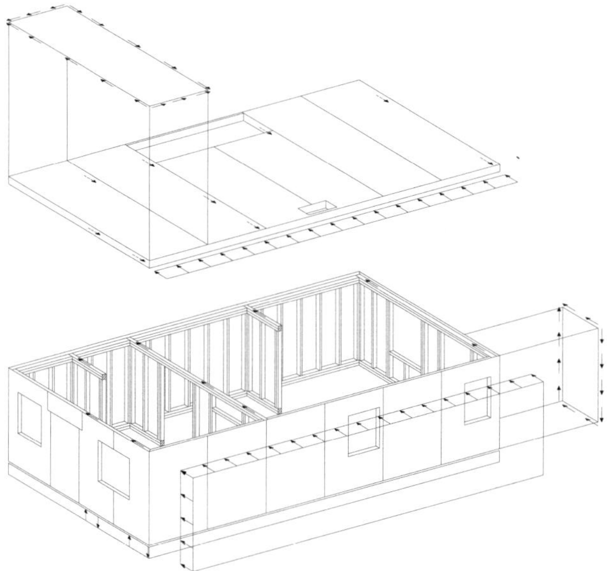

Bild 3-1   Lastabtrag an einem Holzgebäude

Erdbebenlasten wirken mit hohen Belastungsgeschwindigkeiten, wobei sich die Richtung der Last während der Einwirkung ändert. Somit muss ein aussteifendes Bauteil für Belastungen in beiden Richtungen parallel zu seiner Ebene ausgelegt werden. Die ruckartig eingeleitete Energie muss ohne schwerwiegende Folgen für das Gebäude und die Bewohner bleiben und sollte zu möglichst großen Teilen durch Energiedissipation in der Konstruktion in Wärme- und Schallenergie umgewandelt werden.

3.1 Grundlagen

3.1.1 Duktilität und Verhaltensbeiwert

Allgemein wird die Eigenschaft eines Werkstoffes, sich unter Belastung ausgeprägt plastisch zu verformen als Duktilität (lat. ducere: ziehen, führen, leiten) bezeichnet. Dieses Verformungsvermögen (teilweise auch „Zähigkeit") ist eine im Bauwesen willkommene Eigenschaft, da duktile Bauteile vor dem Versagen starke Verformungen aufweisen und damit nicht schlagartig, sondern langsam und unter „Ankündigung" größerer Verformungen versagen.

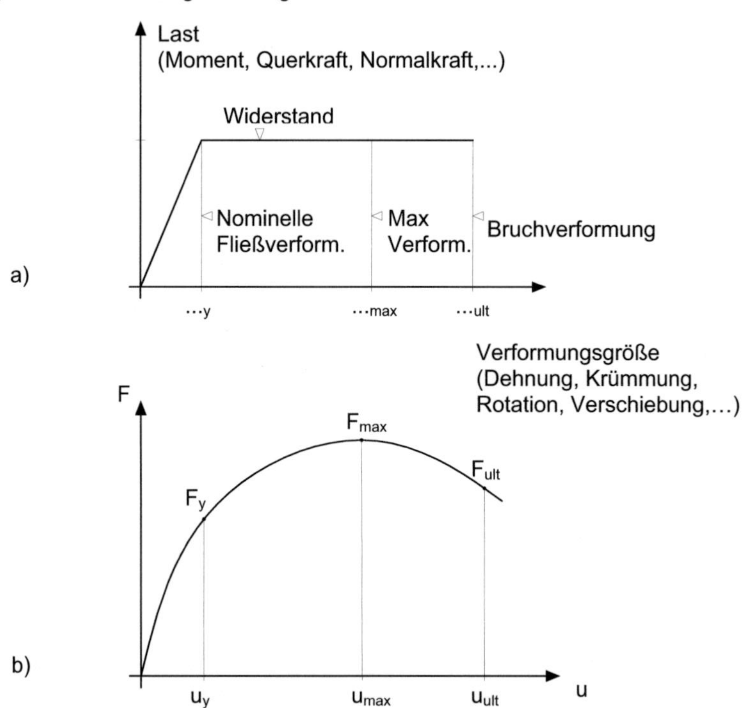

Bild 3-2   Definition von Duktilität a) Allgemein (nach Bachmann (2002)), b) Last-Verschiebungskurve einer Holzverbindung

Während bei kleineren Verschiebungen sowohl der Baustoff Holz als auch die verwendeten Verbindungsmittel quasi linear-elastisches Verhalten zeigen, stellen sich bei größeren Verschiebungen plastische Verformungen im Holz (Lochleibungs-versagen) sowie in den Verbindungsmitteln (plastisches Verhalten unter Biegebe-anspruchung) ein. Holzbauteile sind durch dieses Zusammenwirken von Werkstoff und Verbindungsmitteln sehr duktil.

Generell wird die Duktilität als das Verhältnis zwischen dem Wert einer maximalen Verformung oder einer Bruchverformung und einer Fließverformung definiert, so dass der allgemeine Fall als

$$\mu = \frac{u_{max}}{u_y} \quad \text{bzw.} \quad \mu = \frac{u_{ult}}{u_y} \tag{3-1}$$

definiert ist (Bild 3-2).

Diese Überlegungen führen zum Konzept der Verhaltensbeiwerte, welches im Folgenden erläutert werden soll und weitergehend bzw. vor dem normativen Hintergrund in Abschnitt 3.3 betrachtet wird.

Bild 3-3 zeigt das Verhalten einer Holzverbindung unter monoton ansteigender Last sowie die Bestimmung der Duktilität. Je nach Verbindungsmittel und Materialab-messungen sind unterschiedliche Formen der Last-Verschiebungskurve zu beobachten. Die Verwendung (mindestens) zweier Werkstoffe - im Allgemeinen Holz und Stahl - in einer Holzverbindung führt dazu, dass der Übergang von elastischem zu plastischen Verhalten der Verbindung im Allgemeinen nicht genau festgelegt werden kann.

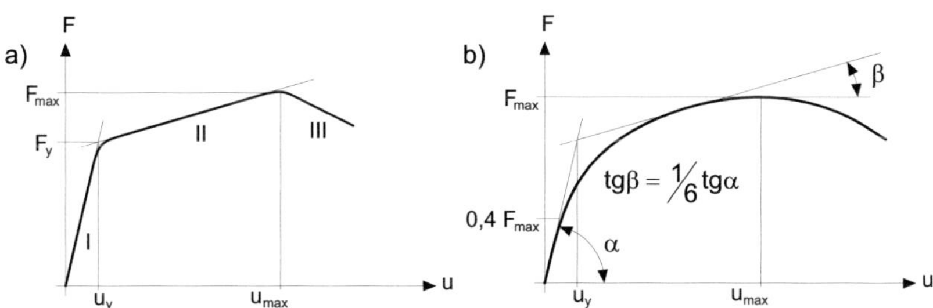

Bild 3-3   Bestimmung der Duktilität bei unterschiedlichem Verlauf der
             Last-Verschiebungs-Kurven (nach Ceccotti (1995))

Bild 3-3 (a) zeigt eine Last-Verschiebungs-Kurve, welche mit zwei Geraden angenähert werden kann, Bild 3-3 (b) zeigt eine vollständig nichtlineare Last-

Verschiebungs-Kurve. Im Fall der vollständig nichtlinearen Kurve existieren verschiedene Methoden zur Bestimmung der Fließverschiebung u_y, welche Grundlage für die Ermittlung der Duktilität ist. Dies bedeutet jedoch, dass die ermittelte Duktilität immer auch von der Wahl des Verfahrens zur Bestimmung der Fließverschiebung abhängig ist. Die Bestimmung der „richtigen" Fließverschiebung ist im Holzbau seit langem Diskussionsgegenstand.

Werden bei der allgemeinen Definition der Duktilität nicht die Verschiebungen, sondern die Kräfte ins Verhältnis gesetzt, so ergibt sich z.B. mit Bild 3-2 b) oder mit Bild 3-3:

$$F_{max} = q \cdot F_y \quad \text{bzw.} \quad q = \frac{F_{max}}{F_y} \tag{3-2}$$

Gleichung (3-2) drückt aus, dass ein Tragwerk unter Berücksichtigung seines plastischen Verhaltens eine q-fach höhere Last ertragen kann, als dies unter Annahme linear-elastischen Verhaltens der Fall wäre; q wird als „Verhaltensbeiwert" bezeichnet. In Eurocode 8 (EC8-1 (EN 1998-1)) nimmt q für die gebräuchlichen Baustoffe die in Tabelle 3-1 angegebenen Werte an.

Tabelle 3-1 Verhaltensbeiwerte für verschiedene Tragwerksarten

Tragwerke	Verhaltensbeiwert q
Holzbauten	1,5 … 5
Stahlbauten	2 …~6,5
Mauerwerksbauten	1,5 … 3
Stahlbetonbauten	1,5 …~6

Die Bestimmung des Verhaltensbeiwertes ist nicht einheitlich festgelegt. Auf Grundlage von Gleichung (3-2) sind verschiedene Interpretationen von q möglich.

Die Duktilität bzw. der Verhaltensbeiwert q kann beispielsweise an einem Einmassenschwinger mittels mehrerer Methoden mathematisch beschrieben werden:

- Prinzip der gleichen Verschiebungen

Aus Bild 3-4 a) folgt:

$$q = \frac{F_{max}}{F_y} = \frac{u_{el}}{u_y} = \mu \tag{3-3}$$

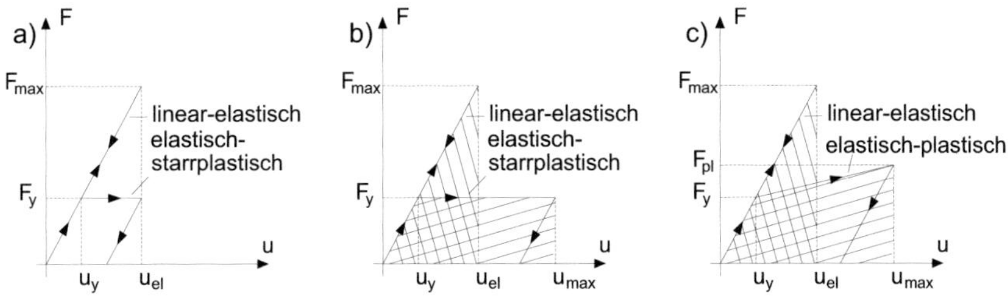

Bild 3-4   Ansätze für Abminderung der Traglasten: a) Prinzip der gleichen
Verschiebung, b) Prinzip der gleichen Formänderungsarbeit,
c) Energiebetrachtung nach Blume et al. (1961)

- Prinzip der gleichen Formänderungsarbeit

Berechnung der schraffierten Flächen in Bild 3-4 b) und Gleichsetzen führt auf:

$$E_{l-e} = \frac{1}{2}F_{max}\left(\frac{F_{max}}{F_y}u_y\right) = E_{e-stp} = F_y\left(u_{max} - \frac{u_y}{2}\right)$$

wobei

E_{l-e} = Flächeninhalt für den linear-elastischen Schwinger

E_{e-stp} = Flächeninhalt für den elastisch-starrplastischen Schwinger

mit $\dfrac{F_{el}}{F_y} = q$ und $\dfrac{u_{max}}{u_y} = \mu$ ergibt sich nach Umformung

$$q = \sqrt{2\mu - 1} \tag{3-4}$$

- Energiebetrachtung nach Blume et al. (1961)

Berechnung der schraffierten Flächen in Bild 3-4 c) und Gleichsetzen führt auf:

$$E_{l-e} = \frac{1}{2}F_{el}\left(\frac{F_{el}}{F_y}u_y\right) = E_{e-p} = \frac{1}{2}u_yF_y + \left(u_{max} - u_y\right)F_y + \frac{1}{2}\left(u_{max} - u_y\right)(F_{pl} - F_y)$$

wobei

E_{l-e} = Flächeninhalt für den linear-elastischen Schwinger

E_{e-p} = Flächeninhalt für den elastisch-plastischen Schwinger

mit $F_{pl} - F_y = \Delta F$ ergibt sich nach Umformung

$$q = \sqrt{1 + 2(\mu - 1) + (\mu - 1)\frac{\Delta F}{F_y}} \qquad (3\text{-}5)$$

Bild 3-5 zeigt den Vergleich der Verhaltensbeiwerte nach den beschriebenen Prinzipien. Mit zunehmender Duktilität resultieren zwischen (3-3) und (3-4) größere Unterschiede im Verhaltensbeiwert. Bei Baustoffen mit geringer Duktilität wird der anfangs geringe Unterschied meist vernachlässigt. Holzbauten weisen eine große Duktilität auf, daher sind die Unterschiede nicht vernachlässigbar.

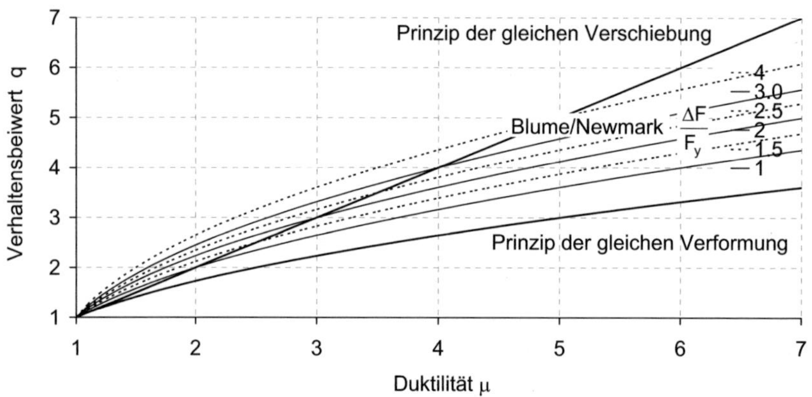

Bild 3-5   Verhaltensbeiwert q in Abhängigkeit der Duktilität für die Ansätze nach (3-3), (3-4) und (3-5)

3.1.2   Energiedissipation und Hysterese im Holzbau

Bei der Prüfung einer Holzverbindung unter zyklischen Lasten kommt der Lochleibungsfestigkeit des Holzes sowie dem Fließmoment des Verbindungsmittels entscheidende Bedeutung zu. Bei der Verschiebung einer Verbindung über die Elastizitätsgrenze hinaus wird das Holz unter dem Verbindungsmittel plastisch verformt, also in einer Richtung irreversibel zusammengepresst. Ebenso erreicht das Verbindungsmittel sein Fließmoment und wird in der Richtung der Belastung verformt (Bild 3-6 a)).

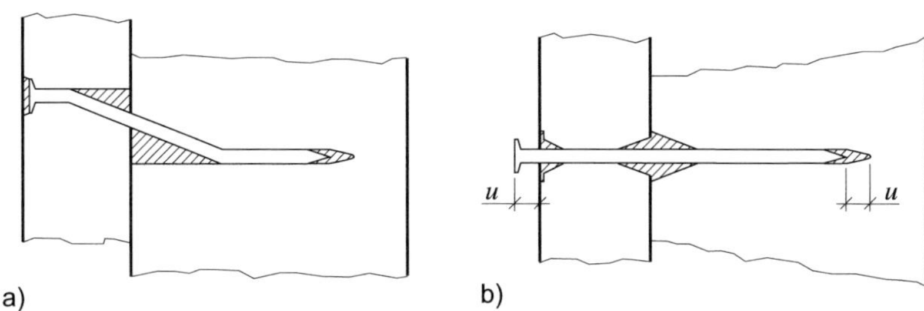

Bild 3-6   a) Hohlräume in einer Nagelverbindung durch plastische Verformung
                b) Ausziehen des Nagels bei wiederholter Belastung (Ceccotti (1995))

Bei Belastung der Verbindung in der anderen Richtung erfolgt zuerst die plastische Verformung des Verbindungsmittels zurück zum Ausgangszustand, bevor das in der anderen Richtung umgebende Holz am Verbindungsmittel anliegt und die plastische Verformung in der anderen Richtung beginnt. Durch wiederholte Verschiebungen wird das Verbindungsmittel aus dem Holz herausgezogen, was neben dem „Ausleiern" der Verbindung einen weiteren Festigkeits- sowie Steifigkeitsabfall einer zyklisch belasteten Holzverbindung zur Folge hat.

Ein Versuch unter einer zyklischen Belastung liefert ein Last-Verschiebungs-diagramm, welches sich durch seine typische Form, der so genannten „Hysterese-kurve" auszeichnet. Abhängig von der erreichten Last zeigt die Hysteresekurve, z.B. einer Stabdübelverbindung, verschiedene Formen.

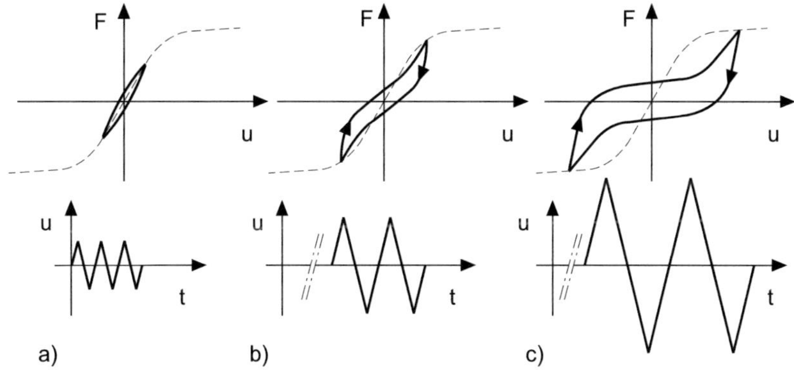

Bild 3-7   Hysteresekurven von Stabdübelverbindungen bei unterschiedlichen
                Laststufen (Ceccotti (1995))

Während in Bild 3-7 a) die Hysterese aufgrund der geringen Verschiebung noch im linear-elastischen Bereich bleibt, ist in Bild 3-7 b) und c) deutlich nichtlineares Verhalten zu erkennen, das durch die plastische Verformung der Verbindung verursacht wid. Für Holzverbindungen ebenfalls typisch ist die eingedrückte Form der Hystereseschleifen („pinching"): Während der Rückverformung des stiftförmigen Verbindungsmittels liegt kein Holz am Verbindungsmittel an, es wirkt während dieser Phase als Kragarm. „Pinching" wird extrem, wenn weder anliegendes Holz noch die plastische Verformung des Stabdübels Widerstand leisten (Bild 3-8 b).

Bei Hysteresekurven mit großen Verformungen fällt auf, dass die maximale Last der Verbindung etwa derjenigen entspricht, die beim monotonen Versuch erreicht worden wäre; in Bild 3-8 jeweils durch die gestrichelte Linie angedeutet.

Beim Durchlaufen eines Schleifenzyklus schließt die Kurve eine Fläche ein. Der Inhalt dieser Fläche ist ein Maß für die im Versuch dissipierte Energie. Bild 3-8 zeigt, dass die plastische Verformbarkeit des Stahles in der Verbindung die Form der Hystereseschleife und ihren Flächeninhalt wesentlich beeinflusst. Schlanke Verbindungsmittel, wie in Bild 3-8 a) sind leicht verformbar und können bei wiederholter Belastung durch die Kragarmwirkung Energie dissipieren.

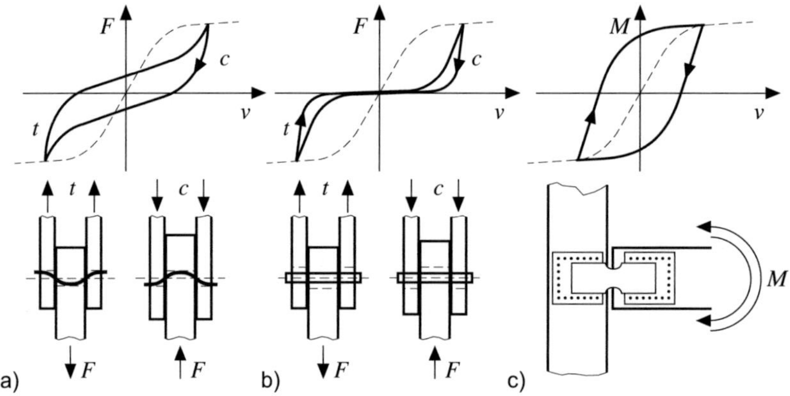

Bild 3-8   Holzverbindungen unter zyklischer Last: a) dünner Stabdübel; b) gedrungener Stabdübel c) Stahlblech-Holz (Ceccotti (1995))

Gedrungene Verbindungsmittel, wie in Bild 3-8 b), werden unter zyklischen Belastungen nur wenig oder gar nicht verformt, daher ist die Energiedissipation gering. Die vollständige Eindrückung der Schleife auf der Abszisse kennzeichnet die Verschiebung des Verbindungsmittels ohne Widerstand, die Bereiche um den Stabdübel herum sind bereits irreversibel plastisch verformt und bieten keinen Widerstand mehr. Bild 3-8 c) zeigt nahezu ideal-plastisches Verhalten eines Stahlbleches in einer Verbindung zur Übertragung eines Moments.

Das Verhalten einer Holzverbindung wird bei Verwendung von schlanken Verbindungsmitteln zwischen den beiden Fällen Bild 3-8 b) und c) liegen, bei der Konzeption von Verbindungen, die zur Energiedissipation ausgelegt sind, sollen demnach schlanke Verbindungsmittel verwendet werden.

Um die Energiedissipation vergleichen zu können, wurde nach DIN EN 12512 (EN 12512:2001) das äquivalente proportionale Dämpfungsverhältnis (in der Literatur auch: „äquivalentes viskoses hysteretisches Dämpfungsmaß") gewählt. Es handelt sich um einen dimensionslosen Parameter, der die Dämpfung durch die hysteretischen Eigenschaften der Verbindung ausdrückt.

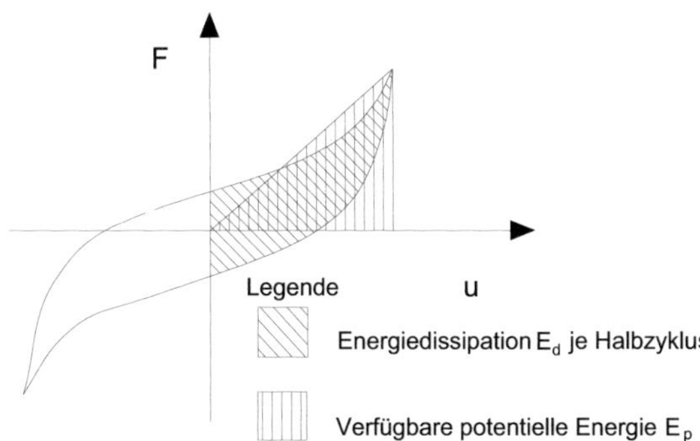

Bild 3-9   Definition von Energiedissipation und potentieller Energie

Die Herleitung des äquivalenten hysteretischen Dämpfungsmaßes erfolgt über Gleichsetzen der von einer idealisierten Hysteresekurve eingeschlossenen Fläche und der elastisch gespeicherten Energie nach Bild 3-9. Setzt man diese ins Verhältnis über einen Schleifendurchlauf ($1/2\pi$), ergibt sich das äquivalente hysteretische Dämpfungsmaß

$$v_{eq} = \frac{1}{2\pi}\frac{E_D}{E_P} \tag{3-6}$$

wobei

v_{eq} =   äquivalentes proportionales Dämpfungsverhältnis

E_d =   Energiedissipation je Halbzyklus (Bild 3-9)

E_p =   Verfügbare potentielle Energie (Bild 3-9)

Die gesamte Dissipation einer Wand setzt sich aus der Energiedissipation der einzelnen stiftförmigen Verbindungsmittel zusammen. Hinzu kommen eventuelle Reibungseinflüsse, z.B. die Reibung der Paneele untereinander.

3.2　　　　Hintergrund und Berechungsmethoden

3.2.1　　　　Zeitverläufe

Für die Bemessung eines Bauwerkes unter Erdbebenbelastung wichtige Größen sind die Bodenbeschleunigung, -geschwindigkeit und -verschiebung (Bild 3-10) sowie der Frequenzgehalt der Bodenbewegung, ferner die Dauer des Erdbebens bzw. dessen Starkbebenphase.

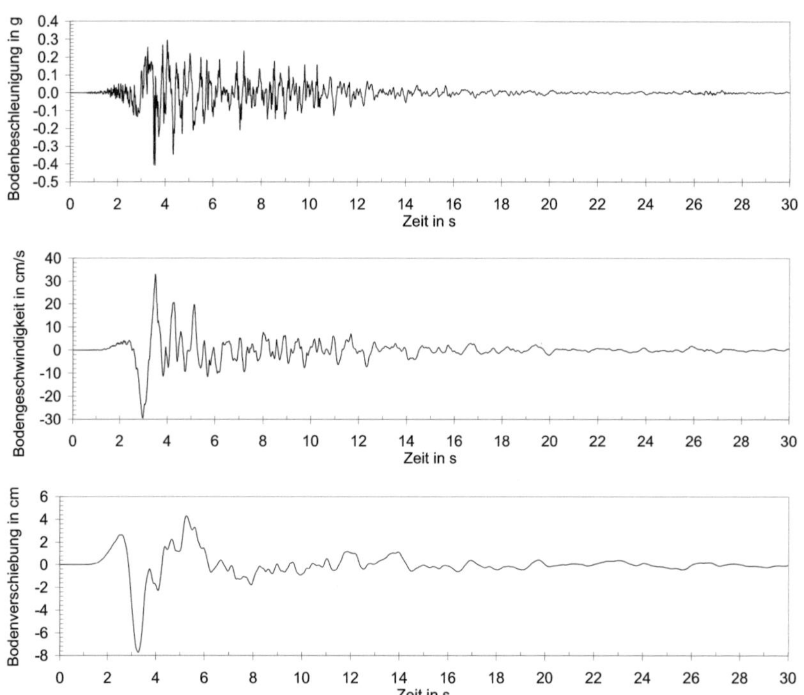

Bild 3-10　　　Zeitverlauf der Bodenbeschleunigung, Bodengeschwindigkeit und Bodenverschiebung für das Erdbeben von L'Aquila, Italien, 06.04.2009 (Station FA030x)

Da die Maximalwerte der Verschiebungsgrößen nicht gleichzeitig auftreten, müssen bei Berechnungen von Tragwerken die relevanten Schnittgrößen getrennt berechnet werden. Daher kann mittels des Zeitverlaufsverfahrens nur das Bauwerksverhalten für ein bestimmtes Erdbeben berechnet werden. Das Bauwerksverhalten bei einem noch unbekannten zukünftigen Beben kann mit mehreren Zeitverlaufsberechnungen mit verschiedenen Beschleunigungszeitverläufen lediglich abgeschätzt werden. Hierbei ist darauf zu achten, dass die Beschleunigungzeitverläufe von Beben mit ähnlicher Magnitude sowie Herdentfernung verwendet werden. Sollten nicht ausreichend viele Erdbebenzeitverläufe vorliegen, können synthetische Beschleunigungszeitverläufe verwendet werden.

Zur Festlegung von Bemessungsbeben in Normen wird meist die „effektiv wirksame Bodenbeschleunigung" (PGA_{eff}, „Peak Ground Acceleration") verwendet. Diese gibt die Wirkung eines Erdbebens im Zusammenhang mit den üblichen Bauwerksfrequenzen, also den Norm-Antwortspektren wieder und ist im Allgemeinen kleiner als die Spitzenbodenbeschleunigung.

Weitere Kenngrößen sind die maximale horizontale Bodengeschwindigkeit $v_{g,max}$ sowie die maximale horizontale Bodenverschiebung $v_{g,max}$, die mit ähnlichen Beziehungen zur Intensität wie für die maximale horizontale Bodenbeschleunigung angenommen werden, wobei wieder ähnliche Streuungen zu erwarten sind. Der Frequenzgehalt der Bodenbewegung bildet die Grundlage bei der Konstruktion des elastischen Antwortspektrums, die Dauer der Bodenbewegung ist zwar für die Schädigung von Tragwerken wichtig, ist aber letztlich nur bei der Wahl bzw. der Erzeugung von synthetischen Zeitverläufen für das Bemessungsbeben von Interesse (Bachmann (2002)).

3.2.2 Antwortspektren

Meist ist der Zeitverlauf eines Bebens von untergeordneter Bedeutung, die Kenntnis der maximalen relativen Verschiebung und der maximalen Beanspruchung eines äquivalenten Einmassenschwingers liefert ungleich wichtigere Informationen. Antwortspektren sind ein wichtiges Werkzeug sowohl für die Auswertung registrierter Beben als auch für die Erdbebenbemessung von Bauwerken.

Durch ein Antwortspektrum wird die maximale Antwort eines Einmassenschwingers in Abhängigkeit seiner Periode T bzw. seiner Eigenfrequenz f dargestellt. Bei gleichbleibender Dämpfung ξ wird der Einmassenschwinger durch die gegebene Bodenbeschleunigung angeregt, wobei jeder Schwinger eine andere Antwortschwingung ausführt. Von allen berechneten Einmassenschwingern werden die Zeitverläufe der Absolutbeschleunigung a der Masse des Schwingers sowie die Relativgeschwindigkeit v und die Relativverschiebung u (beide zwischen Masse und Fußpunkt des Schwingers) berechnet. Die berechneten Maximalwerte der Antwortschwingungen werden als Spektralwerte S_a, S_v und S_d bezeichnet. Die grafische Auswertung von S_a, S_v und S_d wird als Antwortspektrum bei einer gegebenen Dämpfung ξ bezeichnet (Bachmann (2002), Dazio (2004)). Bild 3-11 zeigt die elastischen Antwortspektren der Beschleunigung für unterschiedlich gedämpfte Einmassenschwinger für den in Bild 3-10 gezeigten Beschleunigungs-Zeitverlauf.

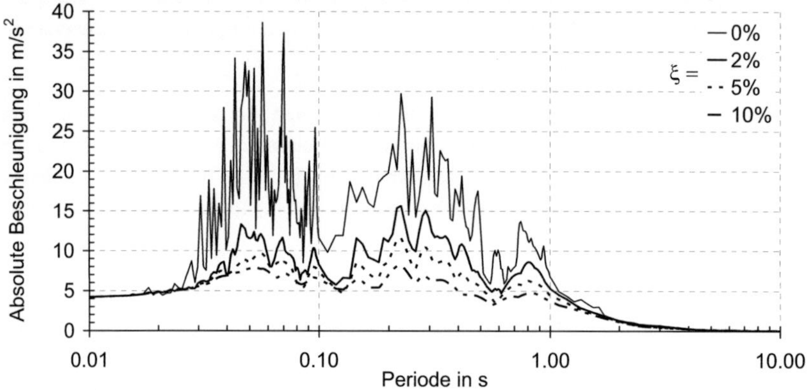

Bild 3-11   Elastische Antwortspektren für das Erdbeben von L'Aquila, Italien, 06.04.2009 (Station FA030x)

3.2.3   Kraftbasierte Berechnungsmethoden

Bei der Bemessung von Gebäuden für den Lastfall Erdbeben wird in Europa meist kraftbasiert vorgegangen, also auf Grundlage vorgegebener Einflussgrößen wie Baugrund, Bodenbeschleunigung, Bedeutungskategorie usw. werden Erdbebenersatzkräfte ermittelt. Diese werden auf das Gebäude verteilt und die Bemessung für die ermittelten Kräfte durchgeführt. In der Regel wird nur der Nachweis im Grenzzustand der Tragfähigkeit geführt, der Nachweis der Gebrauchstauglichkeit wird meist vernachlässigt.

3.2.3.1   Ersatzkraftverfahren, vereinfachtes Antwortspektrenverfahren

Bei diesem Verfahren wird die statische Berechnung der Struktur unter Annahme linear-elastischen Materialverhaltens durchgeführt. Dabei wird die Erdbebenwirkung vereinfacht durch eine horizontale statische Erdbeben-Ersatzkraft dargestellt, was den Berechnungsaufwand gering hält.

Beim Ersatzkraftverfahren wird das ganze Bauwerk vorab durch einen Einmassenschwinger ersetzt, an dem die gesamte Erdbeben-Ersatzkraft unter Verwendung der Bauwerksmasse berechnet wird. Die Ersatzkraft wird im nächsten Schritt auf die einzelnen Stockwerke über die Bauwerkshöhe verteilt. Grundlage des Verfahrens ist das Auftreten der maximalen Federkraft F_{max} (die der maximalen Beanspruchung des Bauwerks entspricht) im Zustand der maximalen Bauwerksauslenkung:

$$F_{max} = k \cdot u_{max} = k \cdot S_d \qquad (3\text{-}7)$$

wobei

k	=	Federsteifigkeit des Ersatzsystems
S_d	=	Spektralwert der Verschiebung

Verwendung von spektralen Werten führt mit $S_a \approx \omega^2 \cdot S_d$ auf

$$F_{max} = k \cdot \frac{S_a}{\omega^2} = m \cdot S_a \qquad (3\text{-}8)$$

wobei

ω	=	Eigenfrequenz des Tragwerks
S_a	=	Spektralwert der Beschleunigung

Gleichung (3-8) bedeutet, dass die maximale Beanspruchung des Tragwerks gleich ist einer statischen Kraft, die auf das Tragwerk anzusetzen ist, bzw. die Erdbeben-Ersatzkraft als Masse * Absolutbeschleunigung aufgefasst werden kann. Die Absolutbeschleunigung ist hierbei die Spektralbeschleunigung bei der Eigenfrequenz des Bauwerks, die aus einem Bemessungs-Antwortspektrum entnommen ist. Abschätzungsformeln für die Eigenschwingzeit von Stahlbeton- und Stahlbauten können den einschlägigen Normen entnommen werden, Betrachtungen an Ersatzstäben (z.B. nach Rayleigh (Bachmann (2002)) können ebenso durchgeführt werden.

Nach Einführung eines Korrekturbeiwertes λ, welcher das Verhältnis der Modalmasse zur Gesamtmasse des Systems berücksichtigt, stellt sich Gleichung (3-8) wie folgt dar:

$$F_b = S_d(T_1) \cdot m \cdot \lambda \qquad (3\text{-}9)$$

mit

F_b	=	Gesamterdbebenkraft (Index b für „base shear")
$S_d(T_1)$	=	Wert der Absolutbeschleunigung aus dem Bemessungs-spektrum bei der zugehörigen Periode T_1

m   =   Gesamtmasse des Bauwerks oberhalb der Gründung

λ =   Korrekturbeiwert, in Normenwerken z.B. 0,85

Die Gesamterdbebenkraft nach (3-9) wird z.B. linear über die Stockwerkshöhe verteilt, woraus sich die Horizontalkräfte pro Stockwerk F_i ergeben. Mit den horizontalen Stockwerkskräften F_i kann nun eine statische Berechnung des Tragwerks durchgeführt werden, die die Schnittkräfte und Verformungen liefert. Vorteil ist, dass die Erdbebenwirkung als ein weiterer, statischer Lastfall berücksichtigt wird. Lediglich die Eigenperiode des Bauwerks wird für die Ermittlung der horizontalen Lasten benötigt, wobei auf der sicheren Seite liegend auch mit dem Plateauwert aus dem Antwortspektrum gerechnet werden kann. Das Ersatzkraftverfahren stellt daher ein einfaches Verfahren für die Erdbebenbemessung von Hochbauten dar, bei dem für regelmäßige Tragwerke ausreichend genaue Lösungen gewonnen werden. Torsionswirkungen lassen sich mit weitergehenden Rechenverfahren berücksichtigen (Bachmann (2002), Meskouris et al. (2007)). Das Ersatzkraftverfahren bildet die Grundlage für die in Abschnitt 6.2 vorgestellte Methode zur vereinfachten Berechnung des Verhaltensbeiwertes q.

3.2.3.2   Antwortspektrenverfahren

Bei diesem Verfahren (auch modalanalytisches Antwortspektrenverfahren) werden neben der Grundschwingungsform auch die höheren Eigenschwingungen berücksichtigt. Daher ist eine dynamische Berechnung („modale Analyse") durchzuführen, bei der die Eigenvektoren bestimmt werden müssen. Hierzu muss zunächst die Bewegungsdifferentialgleichung des Systems entkoppelt werden und die Eigenvektoren sowie die Eigenperioden der jeweiligen Eigenform bestimmt werden. Mit Hilfe eines Antwortspektrums werden die Systemantworten bei den Eigenperioden abgelesen und die statischen Ersatzlasten für jeden wesentlichen Freiheitsgrad berechnet. Mittels geeigneter Überlagerungsregeln wird die Gesamtantwort des Systems ermittelt.

3.2.4   Verschiebungsbasierte Berechnungsmethoden

Im Gegensatz zu den kraftbasierten Methoden wurden in den vergangenen Jahren speziell in Nordamerika und in Neuseeland so genannte verschiebungs- oder verformungsbasierte Verfahren entwickelt. Die seismischen Kräfte aus den Bodenbewegungen führen zu Verschiebungen im Bauwerk. Diese können zwar zu Kräften und Spannungen im Bauwerk umgerechnet werden, die resultierenden Verschiebungen und die entstehenden Schädigungen des Tragwerks sind damit noch nicht berücksichtigt. Die Wahl eines verschiebungsbasierten Ansatzes berücksichtigt die Fähigkeit eines Tragwerks, einem Erdbeben durch geeignete Verformungsmechanismen standhalten zu können. Bei den bekannten Verfahren (z.B. Performance Based Seismic Design (PBSD, Priestley (2000)), Direct Displacement Design (DDD, Pang und Rosowsky (2007)), Kapazitätsspektren-Methode (z.B. Meskouris et al. (2007)) wird anhand vorgegebener Maximalverschiebungen für die einzelnen Wände bzw. Stockwerke eines Gebäudes die erforderliche Steifigkeit des Gebäudes unter Berücksichtigung der Dämpfung ermittelt. Wird die Bemessung auf Grundlage der Verformungen durchgeführt, können relativ einfach verschiedene Erdbebenstärken berücksichtigt werden, indem für jedes Bemessungslevel eine andere Verformung in Kauf genommen wird. Der Nachweis der Gebrauchstauglichkeit wird damit explizit berücksichtigt, so dass bei leichteren Erdbeben die Schäden möglichst gering sind, bei stärkeren Erdbeben jedoch die sichere Evakuierung der Bewohner gewährleistet ist.

3.2.5 Verfahren mit Beschleunigungs-Zeitverläufen

Zeitverlaufsverfahren stellen die vollständigste aber auch aufwändigste und schwierigste und damit fehleranfälligste Vorgehensweise bei der Betrachtung von Tragwerken unter Erdbebenbeanspruchung dar. Die Erdbebeneinwirkung wird durch einen natürlichen (gemessenen) oder synthetischen (generierten) Bodenbeschleunigungs-Zeit-Verlauf gegeben, aus dem mittels Integration der Bewegungsgleichungen des Systems dessen mechanische Zustandgrößen ermittelt werden. Die allgemeine Bewegungsgleichung wird auf Systeme mit endlich vielen Freiheitsgraden erweitert, deren lineare Darstellung sich in Matrizenschreibweise wie folgt gestaltet:

$$\mathbf{M}\ddot{x} + \mathbf{C}\dot{x} + \mathbf{K}x = -\mathbf{M}\ddot{x}_g \tag{3-10}$$

Für die in dieser Arbeit behandelten nichtlinearen Systeme resultiert im Allgemeinen eine Bewegungsgleichung, bei der die inneren Kräfte von den Verschiebungen, deren Ableitungen und der Zeit abhängen. Deren allgemeine Form zeigt (3-11):

$$\mathbf{M}\ddot{x} + \mathbf{f}(x,\dot{x},t) = -\mathbf{M}\ddot{x}_g \tag{3-11}$$

Für die Lösung von (3-10) und (3-11) stehen zwei unterschiedliche Lösungsverfahren zur Verfügung:

- Modale Lösung der Bewegungsgleichung nur für lineare Systeme

- Direkte Integration der Bewegungsgleichung für lineare und nichtlineare Systeme

Da die in dieser Arbeit betrachteten Strukturen stark nichtlineares Verhalten aufweisen, wird die Bewegungsgleichung direkt integriert (vgl. Abschnitt 6.2). Hierfür sind Integrationsverfahren notwendig, in dieser Arbeit kommt alleinig das Newmark-Verfahren (auch: Newmark β-Methode) zur Anwendung .

3.3 Normative Betrachtung von Holzbauten

Aufgrund weniger, räumlich begrenzter seismisch aktiver Regionen (Oberrhein-graben, Schwäbische Alb, Kölner Bucht, Vogtland) wurde dem Thema Erdbeben in Deutschland über lange Zeit nur eine vergleichsweise geringe Bedeutung beige-messen. Erst seit 2007 gilt in allen Bundesländern verbindlich die Erdbebennorm DIN 4149:2005. Im Zuge der europäischen Harmonisierung orientiert sich die DIN 4149 inhaltlich stark am Eurocode 8 (EC8, DIN EN 1998 -1:2004), der 2012 europa-weit eingeführt werden soll.

Die Einordnung von Tragwerken erfolgt sowohl nach EC8 als auch nach DIN 4149 in 3 Duktilitätsklassen. Wesentliches Kriterium bei der Einordnung eines Tragwerkes in eine Duktilitätsklasse ist die Fähigkeit der verwendeten mechanischen Verbin-dungen, Energie zu dissipieren. So dürfen z.B. der Duktilitätsklasse 3 Tragwerke zugeordnet werden, die viele dissipative Bereiche mit stiftförmigen Verbindungs-mitteln besitzen, also über ein gutmütiges Verhalten unter Erdbebenlasten verfügen. Aus der Einordnung in die verschiedenen Duktilitätsklassen folgt die Ableitung eines Verhaltensbeiwertes q (Tabelle 3-2). Mit Hilfe des Verhaltensbeiwertes q können die ermittelten Einwirkungen abgemindert werden, so können geringere Ersatzlasten auf das Tragwerk angesetzt werden. Dies führt zu wirtschaftlicheren Berechnungs-ergebnissen.

Die Einordnung in Duktilitätsklassen bzw. die Ermittlung des Verhaltensbeiwerts q ist für Holzbauweisen, welche nicht in Tabelle 3-2 aufgeführt sind, nur schwer durchführbar, da keine einheitliche Vorgehensweise existiert. Erfahrungswerte aus Untersuchungen an Holztafelbauten oder Skelettbauten lassen sich kaum auf neuartige Bausysteme übertragen, da statische Wirkung und Aufbau völlig anders sind. Ohne gesicherte Versuchsbasis ist die Einordnung in Duktilitätsklassen nicht möglich, der Verhaltensbeiwert q lässt sich nicht eindeutig bestimmen. Somit fehlen für den Tragwerksplaner wichtige Grundlagen für den Einsatz neuartiger Holzbau-systeme in seismisch aktiven Gebieten.

Tabelle 3-2 Auslegungskonzepte, Tragwerkstypen und Höchstwerte der Verhaltensbeiwerte für die Duktilitätsklassen nach EC8

Auslegungskonzept und Duktilitätsklasse	q	Beispiele für Tragwerke
Niedriges Energiedissipationsvermögen - DCL	1,5	Kragarm-Tragwerke; Träger; Zwei- oder Dreigelenkbögen; Fachwerke mit Dübelverbindungen
Mittleres Energiedissipationsvermögen - DCM	2	Verleimte Wandscheiben mit verleimten Schubfeldern mit Nagel- oder Schraubenverbindungen; Fachwerke mit stiftförmigen oder Bolzenverbindungen; Tragwerke in Mischbauweise, bestehend aus Holzrahmen (zur Aufnahme der Horizontallasten) und einer nichttragenden Ausfachung
	2,5	Statisch überbestimmte Rahmen mit stiftförmigen oder Bolzenverbindungen
Hohes Energiedissipationsvermögen - DCH	3	Genagelte Wandscheiben mit verleimten Schubfeldern mit Nagel- oder Schraubenverbindungen; Fachwerke mit Nagelverbindungen
	4	Statisch überbestimmte Rahmen mit stiftförmigen oder Bolzenverbindungen
	5	Genagelte Wandscheiben mit genagelten Schubfeldern mit Nagel- oder Schraubenverbindungen

4   Experimentelle Untersuchungen

Die aufnehmbare Höchstlast sowie die Steifigkeitseigenschaften bei Belastung in Wandebene und das Erdbebenverhalten von aussteifenden Wänden in Holzbauweise wird mit Wandscheibenversuchen bestimmt. Hierbei werden Wände in Originalgröße untersucht. Die Tragfähigkeits- und Steifigkeitseigenschaften einer Wandscheibe hängen maßgeblich vom verwendeten Konstruktionsprinzip sowie von den verwendeten Verbindungsmitteln (vgl. Abschnitt 3.1.2) ab. Weiterhin sind die Zuganker und die Auflasten (Randbedingungen, vgl. Abschnitt 4.1.3) entscheidend für das Last-Verschiebungsverhalten einer Wandscheibe.

4.1   Prüfverfahren

Es wird zwischen Prüfverfahren mit statisch-monotoner Lastaufbringung (zur Bestimmung der Festigkeits- und Steifigkeitseigenschaften) und Prüfverfahren mit (im Allgemeinen) zyklischer Lastaufbringung zur Prüfung von Wandscheiben unter nachgestellten Erdbebenlasten unterschieden. Zyklische Lastprotokolle geben in der Regel die Amplitude sowie die Geschwindigkeit der Verschiebung vor, weiterhin die Anzahl der Wiederholungen einzelner Verschiebungsstufen sowie die Steigerung der Verschiebung zwischen den einzelnen Verschiebungsstufen.

Ein Prüfverfahren, in dem sowohl monotone als auch zyklische Versuche an einzelnen Holzverbindungen und an ganzen Wandscheiben geregelt sind, ist der Normentwurf ISO/CD 21581 (2007) (International Standards Organisation / Committee Draft). In ISO/CD 21581 finden sich ein Verfahren zur monotonen sowie ein Verfahren zur zyklischen Lastaufbringung, welche in den folgenden Abschnitten vorgestellt werden. Für die Versuche im Rahmen dieses Forschungsvorhabens wurde ausschließlich ISO/CD 21581 verwendet.

4.1.1   Prüfverfahren mit monotoner Belastung

Das Prüfverfahren mit monotoner Belastung ist DIN EN 594 (1996) entnommen (Bild 4-1 a)). Dieses Verfahren wurde zur Ermittlung der Steifigkeitseigenschaften von Beplankungswerkstoffen entwickelt, der Versuchsaufbau kann durch geringfügige Änderungen für die Prüfung von Wandscheiben verwendet werden.

Da das Standardmaß für Beplankungswerkstoffe 1,25 x 2,5 m beträgt, ist das Vorzugsmaß der Wandscheibe bei Verwendung von zwei Beplankungsplatten 2,5 x 2,5 m. Ausgehend von der Schätzlast $F_{max,est}$ werden zwei Vorlastzyklen (Stabilisierungs-, Steifigkeitslastzyklus) vor der eigentlichen Tragfähigkeitsprüfung durchgeführt. Die Laststeigerung bis zum Bruch soll ausgehend vom letzten Haltepunkt so erfolgen, dass das Versagen des Prüfkörpers in 300 s ± 120 s erreicht wird.

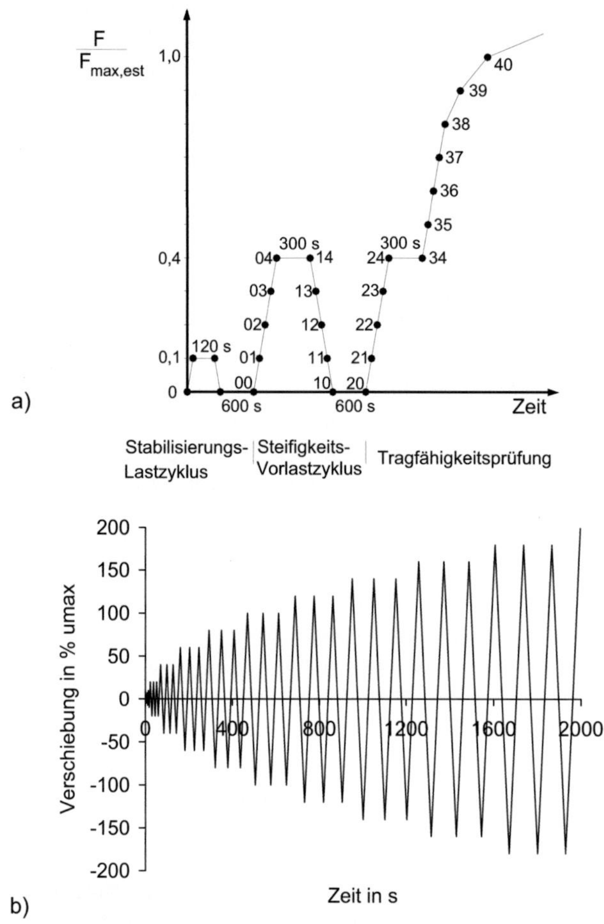

Bild 4-1   a) Prüfverfahren der monotonen Lastaufbringung nach DIN EN 594 bzw. ISO/CD 21581, b) zyklisches Belastungsprotokoll nach ISO 16670 bzw. ISO/CD 21581

4.1.2   Prüfverfahren mit zyklischer Belastung

Die Verfahren mit zyklischer Lastaufbringung dienen der Vereinfachung der komplexen Beanspruchung aus Erdbeben. Das Prüfverfahren in ISO/CD 21581 für die zyklische Belastung ganzer Wandscheiben ist ISO 16670 (2003) entnommen (Bild 4-1 b). Es handelt sich um ein verschiebungsgesteuertes Verfahren, welches aus zwei Teilen aufgebaut ist. Im ersten Teil werden fünf einzelne Verschiebungsstufen durchfahren, deren Verschiebung 1,25 % bis 10 % der maximalen Verschiebung u_{max} aus einem monotonen Vorversuch beträgt. Der zweite Teil des Protokolls besteht aus „Phasen", welche aus jeweils drei vollständig durchfahrenen Zyklen gleicher Amplitude bestehen. Beginnend mit 20 % der maximalen Verschiebung u_{max} werden die Amplituden der Zyklen dann um jeweils 20 % der maximalen Verschiebung erhöht, bis das Versagen des Prüfkörpers eintritt (Tabelle 4-1).

ISO/CD 21581 verzichtet bewusst auf die Hilfsgröße „Fließverschiebung" (vgl. Abschnitt 3.1.1), es wird die maximal aufnehmbare Verschiebung eines Bauteils als Bestimmungsgröße für die Festlegung der zyklischen Verschiebungsgrößen verwendet. Die maximal aufnehmbare Verschiebung u_{max} ist definiert als entweder a) die Verschiebung beim Bruch oder b) die Verschiebung nach Überschreiten der Maximallast, abgelesen bei 0,8 F_{max} oder c) die Verschiebung bei einem weiteren Ansteigen der Last-Verschiebungskurve bei einem Wert von H/15 (H = Höhe der Wandscheibe). Durch diese Festlegungen können die Verschiebungsstufen für das zyklische Lastprotokoll leicht berechnet werden.

Tabelle 4-1 Berechnung der Amplituden für das zyklische Belastungsprotokoll

Schritt	Anzahl der Zyklen	Amplitude
1	1	1,25 % von u_{max}
2	1	2,5 % von u_{max}
3	1	5 % von u_{max}
4	1	7,5 % von u_{max}
5	1	10 % von u_{max}
6	3	20 % von u_{max}
7	3	40 % von u_{max}
8	3	60 % von u_{max}
9	3	80 % von u_{max}
10	3	100 % von u_{max}
11, 12…	3	Erhöhung um je 20 % von u_{max}

Die ersten Amplituden des Protokolls mit kleinen Verschiebungswerten und einmaliger Wiederholung beschreiben das Verhalten des Prüfkörpers im linear-elastischen Bereich. Die dreimalige Wiederholung der Zyklen gibt Auskunft über die

Festigkeitsminderung, die zunehmenden Verschiebungsstufen liefern die typische Hysteresekurve. Nach Ermessen können weitere Zyklen hinzugenommen oder weggelassen werden, um z.B. den Übergang vom elastischen in den plastischen Bereich bestmöglich zu erfassen.

ISO/CD 21581 ist bis heute der einzige Normentwurf, der ein vollständiges Prüfverfahren für Wandscheiben, also sowohl den statisch-monotonen Versuch als auch den wiederholt-zyklischen Versuch beinhaltet.

4.1.3   Randbedingungen und Prüfapparatur

Die Art der Lastaufbringung und die Befestigung des Prüfkörpers in der Prüfapparatur haben großen Einfluss auf die Ergebnisse der Prüfungen. Im Gebäude vorhandene ständige Lasten oder Nutzlasten müssen durch Auflasten berücksichtigt werden, wobei deren Betrag und die Art der Aufbringung die Versuchsergebnisse beeinflussen. Hohe Auflasten führen naturgemäß zu einem günstigen Verhalten der Wand, da die abhebenden Kräfte überdrückt werden, somit die horizontale Tragfähigkeit der geprüften Wand ansteigt.

Dujic et al. (2005) führten zur Klärung der „richtigen" Lagerung von Wandscheiben Untersuchungen durch, bei denen verschiedene Arten der Einspannung erzeugt wurden. So können nach Bild 4-2 drei wesentliche Beanspruchungsmechanismen für Holzbauten unterschieden werden.

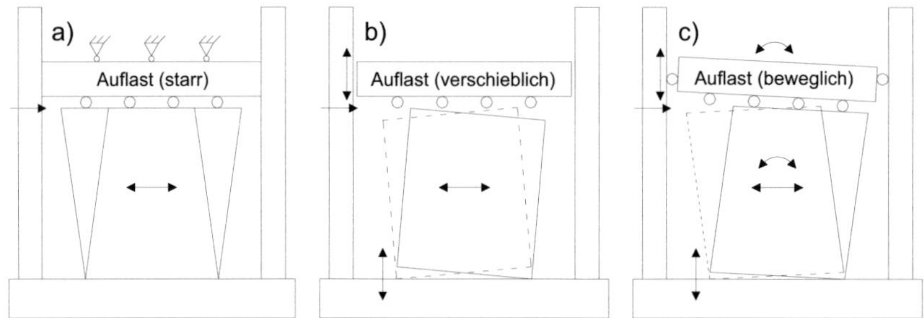

Bild 4-2   Lagerungsbedingungen nach Dujic et al. (2005):
              a) Shear Wall Mechanism, b) Restricted Rocking Mechanism,
              c) Shear Cantilever Mechanism

Bild 4-2 a) zeigt die Auflast ohne Möglichkeit der vertikalen Verschiebung und ohne Möglichkeit der Rotation. Dies entspricht einer starren Einspannung und wird als „Shear Wall Mechanism" bezeichnet. Die abhebenden Kräfte werden vom Rahmen abgefangen, die starre Einspannung der Wand in der Prüfapparatur erzeugt unrealistisch hohe Traglasten in horizontaler Richtung. Diese Randbedingung ist in der Realität lediglich bei Ausfachungen von starren Rahmen mit Holzbauteilen denkbar, in solchen Fällen wird der Rahmen allerdings auch den Großteil der von außen aufgebrachten Einwirkungen abfangen. Das in Bild 4-2 a) dargestellte Versagensbild wird erzwungen.

Bild 4-2 b) zeigt die Auflast mit Möglichkeit der vertikalen Verschiebung aber ohne Möglichkeit der Rotation. Dies entspricht einer starren Auflast und wird als „Restricted Rocking Mechanism" bezeichnet. Bei Kippbewegungen der Wand drücken die abhebenden Kräfte die Auflast nach oben. Dies tritt bei unzureichender Bodenverankerung der Wand auf, wenn die abhebende Last die Tragfähigkeit der Verankerung übersteigt. Dieser Mechanismus kann dort auftreten, wo geringe Auflasten die Wand beanspruchen, z.B. bei Wänden von einstöckigen Gebäuden.

Bild 4-2 c) zeigt die Auflast mit Möglichkeit der vertikalen Verschiebung und mit Möglichkeit der Rotation. Dies entspricht einer beweglichen Auflast und wird als „Shear Cantilever Mechanism" bezeichnet. Dieser Mechanismus tritt dort auf, wo größere Auflasten als in Fall b) die Wand belasten. Diese Auflasten können bei der Bewegung der Wand die Rotation kaum einschränken, die Vertikalkräfte bleiben konstant. Gleichzeitig finden Schubverformungen der Wand statt. Für diesen Mechanismus ergeben sich die geringsten Traglasten, dieser wird daher für die Durchführung von Versuchen empfohlen. Dies stellt die konservative Annahme für die Tragfähigkeit dar und ist in der Realität die am häufigsten anzutreffende Randbedingung, da der überwiegende Anteil der Holzhäuser ein- bis dreistöckig ist und die Auflasten auf die aussteifenden Wände entsprechend gering sind.

Beim Wandscheibenprüfstand am Karlsruher Institut für Technologie (Bild 4-3) können die beschriebenen Randbedingungen durch kraft- bzw. weggeregeltes Steuern der vertikalen Prüfzylinder erzeugt werden. Die Zylinder können in Reihe geschaltet werden, d.h. der Öldruck kann im gesamten Kreislauf konstant gehalten und so das Lastniveau beibehalten werden. Um das Verhalten der Wand unter sehr geringen Auflasten zu untersuchen, wird der Lastverteiler auf die Prüfwand aufgesetzt und mit dieser verschraubt. Der Lastverteiler bewirkt eine Streckenlast von 1,33 kN/m, durch die vertikalen Zylinder wird bei dieser Prüfung keine zusätzliche Druckkraft ausgeübt. Für Wandscheibenversuche unter gewöhnlichen Auflasten hat sich eine Streckenlast von 10 kN/m als sinnvolle Größe etabliert. Die Auflast wird von den vertikalen Zylindern über die Rollschlitten auf den Lastverteiler übertragen.

Um die hohen Horizontalkräfte und die großen Verschiebungen bei der Prüfung von Holzbauweisen aufbringen zu können, wurde ein 400 kN-Hydraulikzylinder mit einem Fahrweg von ± 300 mm in der Prüfapparatur angebracht. Der Angriffspunkt der horizontalen Last liegt in der Mitte der Wand, die Rotationsbewegungen der Wand können so ohne Schiefstellungen des Kolbens stattfinden. Auch die Bodenbefestigung zählt zu den Randbedingungen. Die verwendeten Zuganker sollten etwa der späteren Einbausituation entsprechen, also handelsübliche Zuganker verwendet werden.

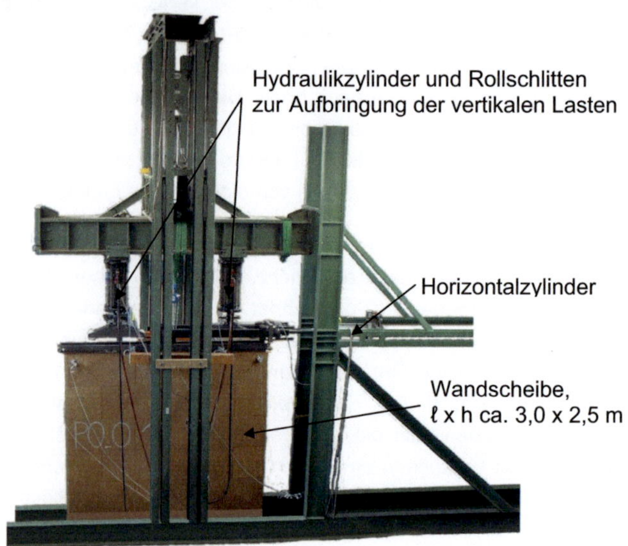

Bild 4-3　　　　Prüfapparatur am KIT mit eingebauter Wandscheibe

4.2　　　Versuche mit der Massivholz-Paneelbauweise

4.2.1　　　Allgemeines

Als Brettsperrholz (BSPH) werden allgemein Massivholzplatten bezeichnet, bei denen nebeneinander liegende Bretter gleicher Dicke zu einer Lage oder Schicht zusammengefasst werden. Wird lediglich eine Schicht durch die Verleimung der Schmalseiten der Bretter gebildet, spricht man von einschichtigen Massivholzplatten; mehrere Schichten bilden mehrschichtige Massivholzplatten. In der Regel wird ein symmetrischer Aufbau gewählt, bei dem ausgehend von einer Mittellage weitere Lagen um jeweils 90° versetzt angeordnet werden. Bei mehrschichtigen Massivholzplatten müssen die Schmalseiten der Bretter nicht miteinander verklebt sein, so dass mehr oder weniger große Fugen auftreten können. Die Verklebung der einzelnen Lagen führt zur Behinderung der gegenseitigen Quell- und Schwindverformung („sperren", „Sperrholz"). Bei der Massivholz-Paneelbauweise handelt es sich damit um BSPH, bei dem die Bretter der einzelnen Lagen in teilweise größerem Abstand angeordnet sind. Seitens des Herstellers wurde der Begriff „Brettsperrschichtholz" (BSSH) eingeführt, da die Vorteile von Brettsperrholz (Behinderung des gegenseitigen Quellens und Schwindens der Lagen („Sperren")) sowie von Brettschichtholz (Homogenisierung der Querschnitte durch Kappen von Fehlstellen und anschließendes Wiederverkleben der keilgezinkten Teile) vereint wurde.

Die unterschiedlichen Eigenschaften des Holzes in Faserrichtung und rechtwinklig dazu bedingen, dass die mechanischen Eigenschaften von BSPH richtungsabhängig sind. Die Berechnung von in Plattenebene beanspruchtem BSPH kann entweder mittels der Verbundtheorie, der Theorie der nachgiebig verbundenen Biegeträger oder dem Schubanalogieverfahren erfolgen. Bei der Berechnung von BSPH, welches zur Aussteifung herangezogen werden soll (Schubbeanspruchung in Plattenebene) müssen zwei Fälle unterschieden werden:

- Vollständige Scheibe: Mindestens eine Brettlage ist vorhanden, bei der die nebeneinander liegenden Bretter miteinander verklebt sind. Es können Schubkräfte zwischen den Brettern übertragen werden und es entstehen in dieser Lage bei einer Schubverzerrung aufeinander senkrecht stehende Schubspannungen.

- Aufgelöste Scheibe: Eine Brettlage besteht aus nebeneinander liegenden, nicht miteinander verklebten Brettern, die wiederum auf rechtwinklig dazu verlaufenden Brettern aufgeklebt sind. Die Schubkräfte werden über Torsionsbeanspruchungen der verklebten Kreuzungsflächen übertragen (Blaß und Görlacher (2003)).

Für beide Fälle existieren Nachweisverfahren, die in der Literatur (Blaß und Görlacher (2003)), in der bauaufsichtlichen Zulassung (DIBt Z-9.1-555 (2008)) sowie in der Europäisch-Technischen Zulassung (DIBt ETA-05/2011) für die Massivholz-Paneelbauweise beschrieben sind.

Die oben angegebenen Nachweisverfahren führen zu vergleichsweise hohen charakteristischen Horizontallasten, da die zugrunde liegenden Versuche jeweils nur an einem Element der Bauweise durchgeführt wurden. Die Tragfähigkeit ganzer Wandscheiben in Massivholz-Paneelbauweise ist jedoch hauptsächlich von den verwendeten Verbindungsmitteln abhängig.

Der Schubfluss in den Verbindungsmitteln in Bild 4-4 zeigt, dass die Verbindungen der Elemente untereinander (Koppelbrett) sowie an den Überständen der Elemente am Rähm oder der Schwelle beansprucht sind. Bei Verwendung von Vollholz-

Koppelbrettern kann die Parallelität von Kraft- und Faserrichtung zum Spaltversagen führen. Da die Last an den Brettüberständen rechtwinklig zur Faserrichtung angreift, kann Querzugversagen auftreten. Bei ausreichender Tragfähigkeit der Verbindungsmittel und des Holzes kann die Zugfestigkeit des Zugankers oder die Querdruckfestigkeit der Schwelle maßgebend werden.

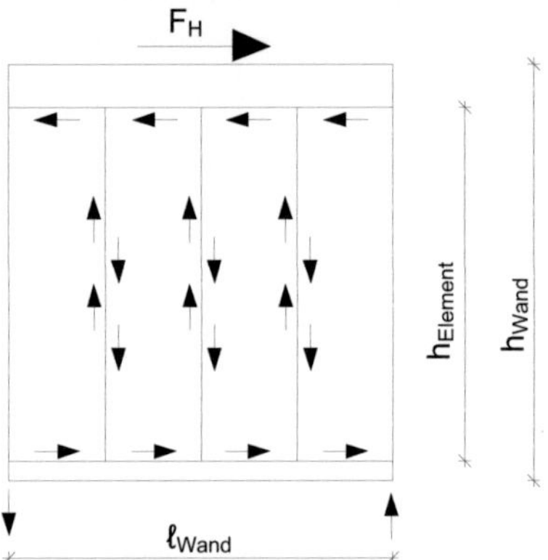

Bild 4-4   Schubfluss in den Verbindungsmitteln bei einer Wandscheibe in Massivholz-Paneelbauweise

Die aufgeführten Versagensarten konnten bei den Versuchen mehrfach beobachtet werden, während Schubverformungen der Elemente in keinem Versuch sichtbar oder messbar waren. Die Berechnungsverfahren (z.B. Blaß und Görlacher (2003)) führen unter einer horizontalen Last von 100 kN (entspricht 25 kN je Element) zu berechneten Schubverformungen von weniger als 1 mm. Im Vergleich zu den in den Versuchen gemessenen Horizontalverformungen von teilweise über 100 mm sind diese Schubverformungen vernachlässigbar.

Diese Beobachtungen und die Notwendigkeit, zuverlässige Eingangsdaten für die numerische Modellierung zu erhalten, stellen die Grundlage für die in Abschnitt 4.2.2 beschriebenen Versuche an Verbindungsmitteln dar. Die Geometrie des Elementstoßes wurde bei den Prüfungen nachgebildet und Versuche unter monotoner und zyklischer Lastaufbringung durchgeführt. Es sollte das Trag- und Verformungsverhalten sowie die Energiedissipation der verwendeten Verbindungsmittel bestimmt werden.

4.2.2   Versuche an Verbindungsmitteln

4.2.2.1   Geprüfte Verbindungsmittel

Die Weiterentwicklung der Elemente führte im Rahmen des Forschungsvorhabens zur Untersuchung verschiedener Querschnittsaufbauten (Bild 4-5). Je nach Elementtyp sind Querlagen eingebaut, die zur einfachen Herstellung von Installationskanälen in der entsprechenden Höhe angebracht werden. Bei der Verbindung von Paneelen mit Koppelbrettern dringen die Verbindungsmittel dann teilweise in die Längs- und teilweise in die Querlagen ein. Die Traglast sowie die Steifigkeit der Fuge resultiert somit aus den zwei Kraft-Faserrichtungen 0° („Längs zur Faser") und 90° („Quer zur Faser"). Die vorgestellten Versuche mit Verbindungsmitteln unterscheiden daher im Versuchsaufbau die Kraftrichtung „Längs" und „Quer" zur Faser.

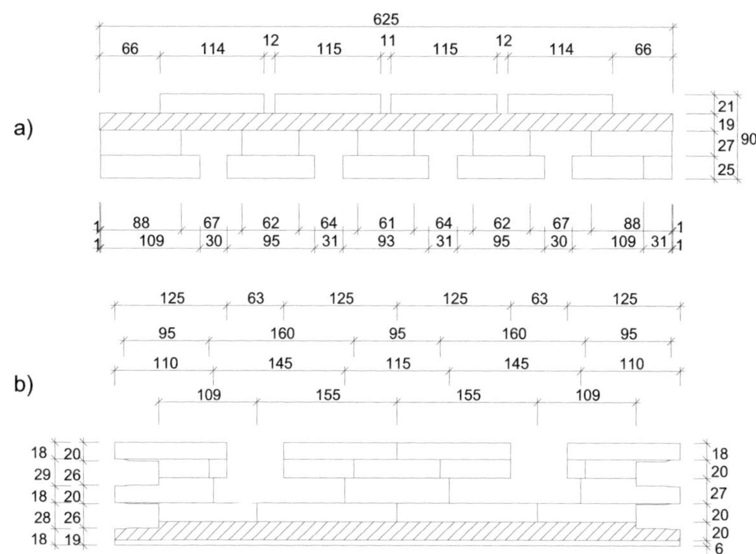

Bild 4-5   Schnitte durch Wandelemente der Typen a) Fux4S, b) Fux6S

Während beim Element Fux4S ein Koppelbrett auf der Oberfläche zweier benachbarter Elemente angebracht wird, besitzt das Element Fux6S zwei seitliche Taschen, in die Koppelbretter eingebracht werden können (Bild 4-5). Zwei Koppelbretter werden verwendet, wenn höhere Traglasten und Steifigkeiten erzielt werden sollen, als dies mit einem Koppelbrett möglich wäre (z.B. bei hohen Horizontallasten, Einsatz als wandartiger Träger). Durch die Anbringung des Koppelbrettes auf der Oberfläche ist die entstehende Verbindung bei Fux4S einschnittig, bei Fux6S (bei ausreichender Verbindungsmittellänge) mindestens zweischnittig. Werden noch längere Verbindungsmittel (z.B. Breitrückenklammer 2,0 x x90 mm) eingesetzt, so entstehen bis zu vierschnittige Verbindungen.

Für die Versuche wurden Klammern (KL) und magazinierte Rillennägel (RiNä) („Coilnägel") verwendet (Bild 4-6). Weitere Verbindungsmittel sind denkbar, aufgrund der niedrigen Geschwindigkeiten beim Eintreiben oder Eindrehen baupraktisch jedoch kaum geeignet. Die große Anzahl der Verbindungsmittel macht die Montage zu einem limitierenden Kostenfaktor.

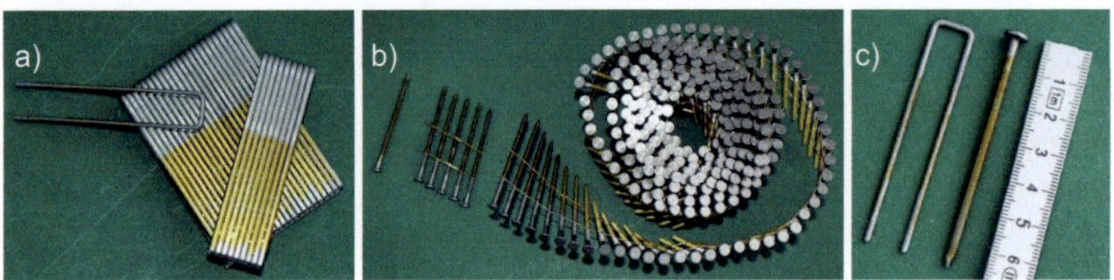

Bild 4-6   a) Klammern, b) Magazinierte Rillennägel („Coilnägel"), c) Vergleich

An jeweils 10 Verbindungsmitteln wurden die Fließmomente ermittelt (Mittelwerte in Tabelle 4-2). Die Angabe des Fliessmomentes der Klammern bezieht sich auf einen Klammerschaft.

Tabelle 4-2 Verwendete Verbindungsmittel

Bezeichnung	Abmessungen	Normative Zugfestigkeit $f_{u,k}$	Fließmoment
Klammern	1,83 x 63,5 mm	≥ 800 N/mm^2	970 Nmm
Rillennägel	2,8 x 65 mm	≥ 700 N/mm^2	2730 Nmm
Klammern	2,0 x 90 mm	≥ 800 N/mm^2	1480 Nmm

Um das Verformungsverhalten sowie die Energiedissipation der Verbindung zwischen den Elementen zu untersuchen, wurden 184 Zugscherkörper hergestellt. Durch paarweisen Einbau ergaben sich 92 Versuche. Hiervon waren 54 Versuche mit monotoner Lastaufbringung und 38 Versuche mit zyklischer Lastaufbringung (Tabelle 4-3). Da bei den Zwei- und Vierschnittigen Verbindungen nicht verschiedene Anordnungen der Brettlagen untersucht werden mussten, sind diese Versuchsreihen vergleichsweise kurz. Die wesentlichen Informationen über das Verhalten der Verbindungen unter zyklischen Lasten wurden in den vorangegangenen Versuchsreihen gewonnen.

Tabelle 4-3 Versuchsprogramm für Verbindungsmittel

Versuchs-reihe Nr.	Anzahl VM	1. Lage BSSH	Verbindungsmittel	Last	Anzahl Versuchs-körper	Anzahl Versuche	
1	2	Längs	KL 1,83 x 63,5 mm	Monoton	10	5	Ein-schnittige Verbindung
2	5	Längs	KL 1,83 x 63,5 mm	Monoton	10	5	
3	10	Längs	KL 1,83 x 63,5 mm	Monoton	10	5	
4	2	Längs	KL 1,83 x 63,5 mm	Zyklisch	6	3	
5	5	Längs	KL 1,83 x 63,5 mm	Zyklisch	6	3	
6	10	Längs	KL 1,83 x 63,5 mm	Zyklisch	6	3	
7	2	Längs	RiNä 2,8 x 65 mm	Monoton	6	3	
8	5	Längs	RiNä 2,8 x 65 mm	Monoton	6	3	
9	10	Längs	RiNä 2,8 x 65 mm	Monoton	6	3	
10	2	Längs	RiNä 2,8 x 65 mm	Zyklisch	4	2	
11	5	Längs	RiNä 2,8 x 65 mm	Zyklisch	4	2	
12	10	Längs	RiNä 2,8 x 65 mm	Zyklisch	4	2	
13	2	Quer	KL 1,83 x 63,5 mm	Monoton	10	5	
14	3	Quer	KL 1,83 x 63,5 mm	Monoton	10	5	
15	5	Quer	KL 1,83 x 63,5 mm	Monoton	10	5	
16	2	Quer	KL 1,83 x 63,5 mm	Zyklisch	6	3	
17	3	Quer	KL 1,83 x 63,5 mm	Zyklisch	6	3	
18	5	Quer	KL 1,83 x 63,5 mm	Zyklisch	6	3	
19	2	Quer	RiNä 2,8 x 65 mm	Monoton	6	3	
20	3	Quer	RiNä 2,8 x 65 mm	Monoton	6	3	
21	5	Quer	RiNä 2,8 x 65 mm	Monoton	6	3	
22	2	Quer	RiNä 2,8 x 65 mm	Zyklisch	4	2	
23	3	Quer	RiNä 2,8 x 65 mm	Zyklisch	4	2	
24	5	Quer	RiNä 2,8 x 65 mm	Zyklisch	4	2	
25	5	Längs	KL 1,83 x 63,5 mm	Monoton	8	4	Zwei-schnittige Verbindung
26	5	Längs	KL 1,83 x 63,5 mm	Zyklisch	10	5	
27	5	Längs	KL 2,0 x 90 mm	Monoton	4	2	Vier-schnittige Verbindung
28	5	Längs	KL 2,0 x 90 mm	Zyklisch	6	3	
Summe					184	92	

4.2.2.2   Herstellung und Aufbau der Versuchskörper

Abgetrennte Streifen der Koppelfuge wurden mit stiftförmigen Verbindungsmitteln mit den Koppelbrettern verbunden. Um die Einbausituation realistisch abzubilden, wurden Bereiche von Längs- und Querlagen innerhalb eines Prüfkörpers berück-sichtigt (Abschnitt 4.2.2.1). Somit werden zwei wesentliche Gruppen von Prüf-körpern hergestellt (Bild 4-7). Die Länge der Prüfkörper mit Querlagen ist durch die bereichsweise Anordnung der Querlagen begrenzt. Für die Versuche mit Querlagen können Prüfkörper mit 2, 3 oder 5 Verbindungsmitteln gefertigt werden, während die Prüfkörper mit Längslagen mit bis zu 10 Verbindungsmitteln hergestellt werden können.

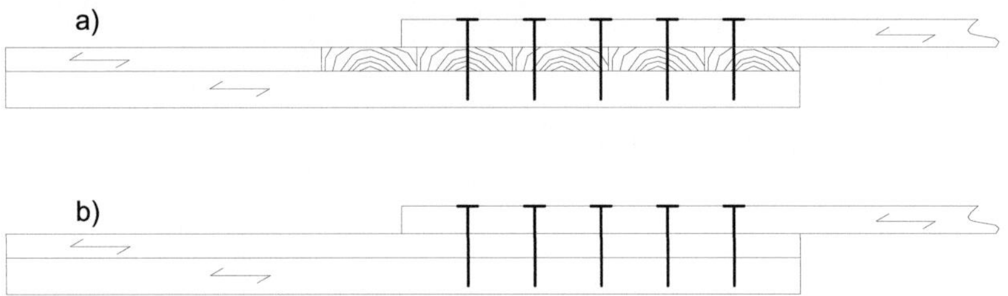

Bild 4-7   Prinzipskizze Prüfkörper a) quer, b) längs

Die Abstände der Verbindungsmittel untereinander (II zur Faserrichtung) werden zu 50 mm gewählt. Die Randabstände ($\perp$ zur Faserrichtung der Decklage) ergeben sich aus der Breite der Koppelbretter bzw. dem Einschnitt der Aussparung: Die Verbindungsmittel werden in der Mitte der Koppelbretter eingebracht (Randabstand ca. 20-25 mm). Sie genügen damit in jedem Fall den vorgeschriebenen Mindestabständen für Klammern und Rillennägel.

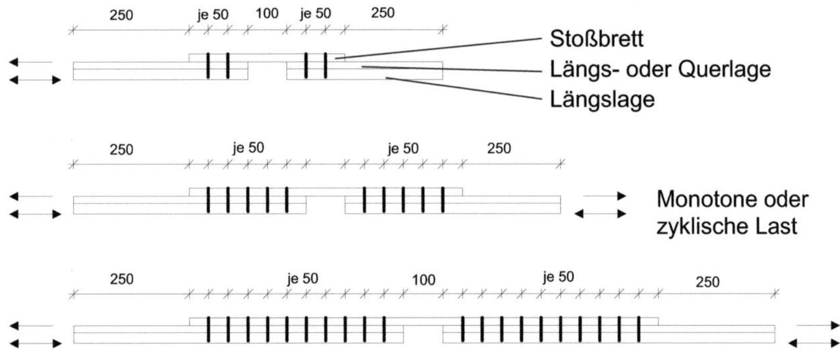

Bild 4-8   Versuchskörper mit 2, 5 und 10 Verbindungsmitteln

Den Versuchsaufbau für die verschiedenen Elementtypen zeigt Bild 4-9. Die Einspannung der Prüfkörper in die Prüfapparatur erfolgt mit einer gelenkig gelagerten Aufnahmekonstruktion. Stahllaschen und Versuchskörper sind mit gegenläufig schräg (α = 45°) eingedrehten Schrauben verbunden. Schräges Einschrauben führt zur Abnahme der lateralen Scherkräfte auf die Schraube und bewirkt die Zunahme der axialen Kräfte, wodurch eine steife und somit verschiebungsfreie Einspannung der Prüfkörper vor allem bei zyklischen Lasten erreicht wird.

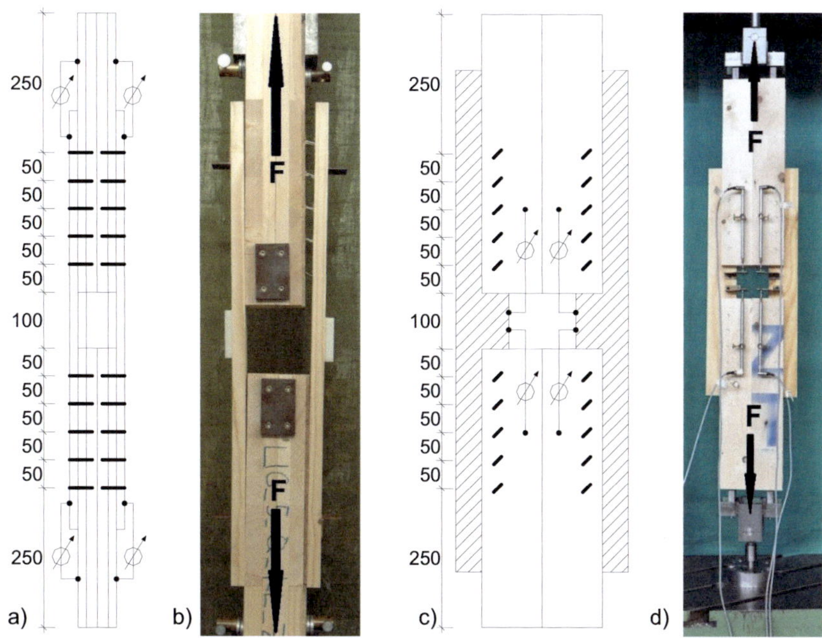

Bild 4-9 Prüfkörper Fux4S a) Skizze, b) nach dem Versagen im zyklischen Versuch; Prüfkörper Fux6S c) Skizze, d) eingebaut in Prüfmaschine

Versatzmomente aus einseitigem Einbau werden beim symmetrischen Einbau minimiert, wenn auch nicht ausgeschlossen. Die Biegemomente unter Zugbelastung führen zur gegenseitigen Abstützung der Prüfkörper. Für Druckbelastung werden die Prüfkörper untereinander verbunden und über seitliche Abstützungen ausgesteift, um das Ausknicken zu verhindern. Die Verschiebung wird über je einen induktiven Wegaufnehmer pro Verbindung aufgezeichnet (Bild 4-9 a) und c)). Die Rohdichten der Versuchskörper wurden im Bereich der Verbindung für jede Lage getrennt ermittelt (Bild 9-1 bis Bild 9-4 und Tabelle 9-1 (Abschnitt 9)).

4.2.2.3   Versuchsergebnisse und Diskussion

Während Klammerverbindungen sowohl unter monotonen als auch unter zyklischen Lasten ausgeprägt duktiles Verhalten zeigen (Bild 4-10 a), c), e) und f)), versagen Nagelverbindungen unter zyklischen Lasten bereits nach wenigen Zyklen durch Abriss der Verbindungsmittel (Bild 4-10 b) und d)).

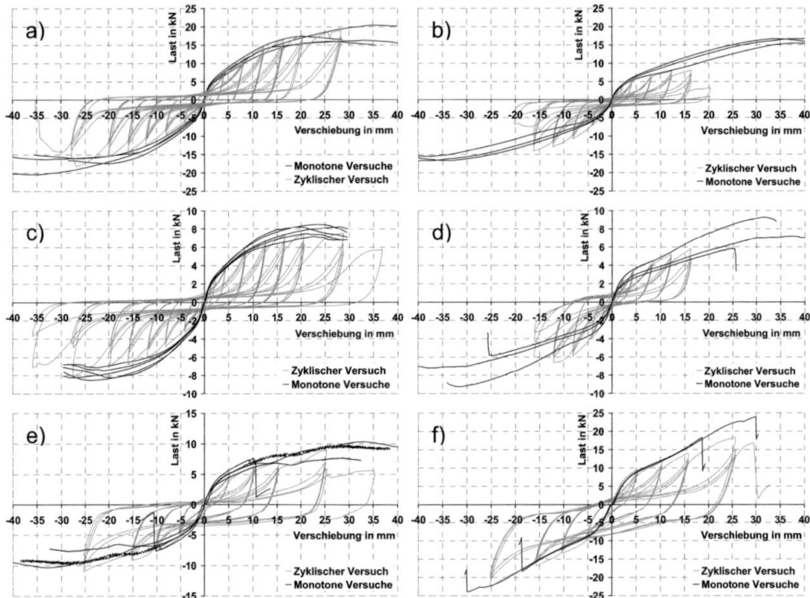

Bild 4-10   Überlagerung Last-Verschiebungsdiagramme monotone/zyklische Versuche an Verbindungsmitteln a) Fux4S 10 Klammern Längs b) Fux4S 10 RiNä Längs c) Fux4S 5 Klammern Quer d) Fux4S 5 RiNä Quer e) Fux6S 5 Klammern 1,8 x 64 mm f) Fux6S 5 Klammern 2,0 x 90 mm (jeweils bezogen auf einen Versuchskörper nach Bild 4-8)

Das Abreißen konnte bei den Wandscheibenversuchen mit Schrauben und Nägeln ebenfalls beobachtet werden. Auf die Prüfung von einzelnen Schraubenverbindungen wurde daher verzichtet: Langsame Eindrehgeschwindigkeiten und das frühe Versagen der herkömmlichen Schrauben machen den Einsatz für die potentiell hochduktile Massivholz-Paneelbauweise unter großen zyklischen Verschiebungen uninteressant. Der Einsatz von Schrauben in seismisch schwach aktiven Regionen ist beim Einsatz der Wandgeometrie Fux6S mit zwei Koppelbrettern allerdings denkbar. Das Einschrauben z.B. bei einem wandartigen Träger ist nicht zu zeitintensiv, geringe Beanspruchungen bei schwachen Erdbeben können durch Schrauben durchaus aufgenommen werden.

Bei allen Verbindungsmitteln und Konfigurationen ist die Übereinstimmung von monotonem Versuch zur Einhüllenden des zyklischen Versuches gut zu erkennen (Bild 4-10). Durch Querzugversagen in den Querlagen erreichen Versuche der Anordnung „quer" geringfügig niedrigere Traglasten als bei der Anordnung „längs". Der Vergleich der Traglasten von einschnittiger Verbindung und zweischnittiger Verbindung (Bild 4-10 a) und e), bezogen auf 10 bzw. 5 Klammern) zeigt kaum Unterschiede. Bei der einschnittigen Verbindung werden durch die große Einbindelänge des Klammerschaftes durch den Einhängeeffekt bereits bei geringer Verschiebung Zugkräfte aktiviert. Dies führt im Versuch zum frühen Abheben des Koppelbrettes vom Prüfkörper, jedoch ist der Unterschied der letztlich erreichten Traglast nur gering. Die Hysteresekurve des zweischnittig beanspruchten Verbindungsmittels zeigt einen deutlich steileren Anstieg zum Versuchsbeginn bzw. bis zum Erreichen der Lochleibungsfestigkeit. Weiterhin ist die Hysteresekurve der zweischnittigen Verbindung deutlich bauchiger, da vier Fließgelenke entstehen. Der Vergleich der zwei- und vierschnittigen Verbindung bei Element Fux6S Bild 4-10 e) und f) zeigt erwartungsgemäß etwa doppelte Traglast und Anfangssteifigkeit.

Tabelle 4-4 Versuchsergebnisse monotone Versuche an Verbindungsmitteln

Versuchsreihe Nr.	VM	F_{max} pro VM in N	u_{max} in mm	ρ in kg/m^3	Steifigkeit K in N/mm	Rechnerische Traglast in N	$\Delta_{Traglast}$ in N
1	2 KL	1707	10.3	456	566	666	1041
2	5 KL	1723	12.7	442	481	655	1068
3	10 KL	1734	13.5	438	524	652	1082
7	2 RiNä	1497	15.8	464	213	653	844
8	5 RiNä	1455	12.9	442	321	638	818
9	10 RiNä	1631	17.0	442	232	623	1008
13	2 KL	1601	11.0	451	517	662	939
14	3 KL	1458	9.5	427	485	644	814
15	5 KL	1584	10.8	428	438	645	940
19	2 RiNä	1952	17.3	456	189	648	1304
20	3 RiNä	1793	17.2	440	166	636	1156
21	5 RiNä	1486	15.0	436	253	633	853
25 (Fux6S) *)	5 KL (64 mm)	1804	14.6	454	582	664	1140
27 (Fux6S)	5 KL (90 mm)	4224	9.7	454	1291	1692	2532

*) nur zwei Versuche berücksichtigt

$$K = \frac{0{,}3 \cdot F_{max}}{u_{40\% F_{max}} - u_{10\% F_{max}}} \; \text{N}/\text{mm}$$

Die Auswertung der Versuche hinsichtlich der mittleren Traglasten und Verschiebungen zeigt Tabelle 4-4. Der Unterschied zwischen der im Versuch gemessenen Traglast F_{max} und der mit den Mittelwerten von Rohdichte und Fließmoment berechneten Traglast ergibt sich vor allem aus dem Einhängeeffekt, also der Aktivierung von axialen Kräften und einer dadurch bedingten Reibung zwischen den Fügeteilen bei der lateralen Beanspruchung eines Verbindungsmittels. Dieser Effekt wirkt sich positiv auf das duktile Verhalten der Verbindungsmittel aus. Die Klammern lassen sich leicht biegen, bei Verformung sorgt die schnelle Aktivierung der axialen Kräfte für das gewünschte, „zähe" Verhalten der Verbindung. Bei Rillennägeln wird durch die Verschiebung die Rillung „aktiviert", wodurch ebenfalls höhere Traglasten bei gleichzeitig duktilem Verhalten erreicht werden.

Für stiftförmige Verbindungsmittel mit einem Durchmesser von d < 8mm ist nach DIN 1052 kein Abminderungsfaktor für die Lochleibungsfestigkeit in Abhängigkeit des Kraft-Faser-Winkels zu berücksichtigen. Rechnerisch werden also für Klammer- und Nagelverbindungen in Längs- und Querlagen identische Traglasten ermittelt. Bei der numerischen Modellierung dienen die Ergebnisse als Grundlage für die Kalibrierung nichtlinearer Federelemente (Abschnitt 5.2).

4.2.2.4   Vergleich der Energiedissipation

Bild 4-11 zeigt das äquivalente hysteretische Dämpfungsmaß für die zyklischen Versuche. Die Klammerverbindungen zeigen für beide Kraft-Faserwinkel nach anfänglich hoher Energiedissipation eine kontinuierliche Abnahme des Dämpfungsmaßes, während die Nagelverbindungen eher gleichbleibende Dämpfung zeigen, die jedoch weit streut. Die Nagelverbindungen versagen im Vergleich zu Klammerverbindungen bereits bei weitaus geringeren Laststufen infolge von Materialermüdung. Während Klammerverbindungen meist Verschiebungsstufen zwischen 100% u_{max} und 140% u_{max} erreichen, versagen die Prüfkörper mit Nagelverbindungen überwiegend bereits bei 80% u_{max}.

Um die Energiedissipation einzelner Verbindungen in einem Gesamtsystem klassifizieren zu können, sind diese Beobachtungen durchaus wichtig. Bei Versuchen mit Verbindungsmitteln stellt sich eine andere Hystereseform ein, als dies mit gleichen Verbindungsmitteln bei einer Gesamtstruktur der Fall wäre. Ebenso ist der Verlauf der Energiedissipation über die Versuchsdauer bei Wandscheibenversuchen anders als in Bild 4-11 gezeigt. Auf die Unterschiede und die Rückschlüsse wird in Abschnitt 4.2.4.6 genauer eingegangen.

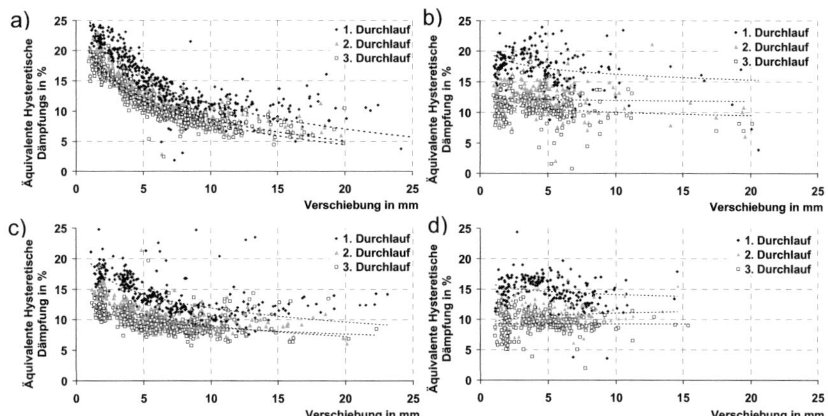

Bild 4-11 Äquivalentes hysteretisches Dämpfungsmaß für die Verbindungsmittelversuche a) Klammern längs b) Nägel längs c) Klammern quer
d) Nägel quer, jeweils mit logarithmischen Trendlinien

4.2.3   Versuche an Zugankern

4.2.3.1   Hintergrund

Die Auflagerkräfte einer Wandscheibe werden auf der Druckseite über Kontakt vom
Wandelement auf die Schwelle und von dieser weiter in den Baugrund übertragen.
Hierbei kann es lokal zu Querdruckversagen der Schwelle kommen, der Nachweis
der Schwellenpressung wird in vielen Fällen maßgebend. Die plastische Verformung der Schwelle ist bei den Wandscheibenversuchen zwar teilweise deutlich
sichtbar, der Einfluss dieser Eindrückung auf das Verhalten der Wand unter
Erdbebenlasten ist jedoch gering.

Auf der Zugseite der Wand müssen die Kräfte über Zuganker in den Baugrund
geleitet werden. Der kurze Schenkel des Zugankers wird an den Baugrund oder das
darunter liegende Stockwerk angeschlossen. Hierfür werden im Allgemeinen
Bolzen, Metalldübel (Schwerlastanker, Durchsteckanker o.ä.), Klebedübel oder
Gewindestangen verwendet. Die Befestigung des kurzen Schenkels ist vergleichsweise steif und das Versagen entweder spröde (Ausreißen der Dübel) oder wenig
duktil (Zugversagen von Bolzen oder Gewindestange).

Der lange Schenkel des Zugankers wird über stiftförmige Verbindungsmittel
(Schrauben oder Rillennägel) mit der Wandscheibe verbunden. Dieser Anschluss
verfügt damit über die in Abschnitt 3.1.2 beschriebenen Eigenschaften von

Verbindungen im Holzbau. Das Versagen ist ausgeprägt duktil, unter wiederholter Belastung findet Energiedissipation statt.

Die Versuchsdurchführung an Zugankern hat damit die Ermittlung der Traglasten unter monotoner und zyklischer Belastung, die Untersuchung der dissipativen Eigenschaften unter zyklischer Belastung und die Ermittlung der Steifigkeitseigenschaften für die numerische Modellierung zum Hintergrund.

4.2.3.2   Versuchsaufbau und Versuchsprogramm

Bild 4-12 zeigt die drei verwendeten Zuganker sowie den Versuchsaufbau. Das Lochmuster des Zugankers Typ A teilt sich in einen oberen und einen unteren Bereich. Bei der Holztafelbauweise wird der untere Bereich mit der Schwelle, der obere Bereich mit der Rippe verbunden. Für die Versuche an Zugankern wurde daher nur der obere Bereich mit Verbindungsmitteln ausgefüllt. Die beiden anderen Zuganker wurden voll ausgenagelt bzw. voll ausgeschraubt.

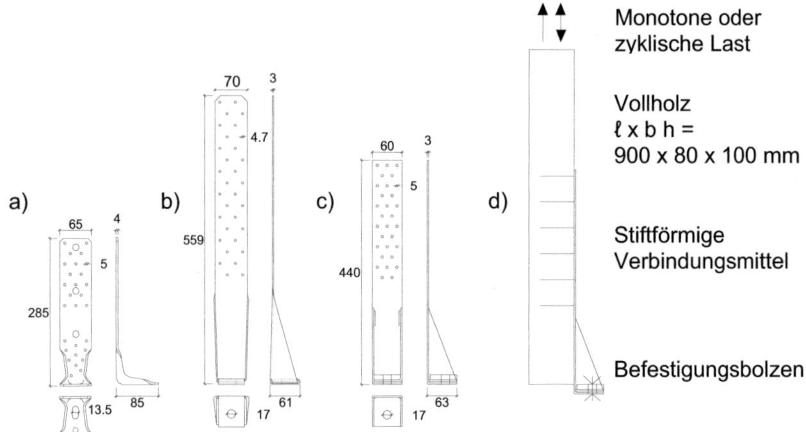

Bild 4-12 a) Zuganker Typ A, b) Typ B, c) Typ C, d) Versuchsaufbau

Die untersuchten Konfigurationen, die Belastung und die Kurzbeschreibung des Versagens sind in Tabelle 4-5 enthalten. Aufgrund des symmetrischen Aufbaus der Wandscheiben erfolgt bei zyklischer Belastung auch eine Beanspruchung der Zuganker durch Druckkräfte. Es wird jedoch davon ausgegangen, dass die Druckkräfte vor allem durch die Querdruckbeanspruchung in der Schwelle übertragen werden. Das zyklische Belastungsprotokoll wurde daher als schwellende Belastung ausgelegt: Es werden wiederholt reine Zugverschiebungen aufgebracht bevor zur Nulllage zurückgekehrt wird (Bild 4-13 a)). Die resultierende Hysteresekurve befindet sich somit hauptsächlich im ersten Quadranten (Bild 4-13 b)).

Tabelle 4-5 Übersicht über die Versuche mit Zugankern

Nr.	Versuchs-bezeichnung	Verbindungsmittel	Belastung	Versagens-beschreibung
1	A1	SR 4,0 x 50 mm	Mon, 5 mm/min	Abriss Bo
2	A2	SR 4,0 x 50 mm	Mon, 5 mm/min	Auszug SR
3	A3	SR 4,0 x 50 mm	Zyk, 10 mm/min	Auszug SR
4	A4	RiNä 4,0 x 50 mm	Mon, 5 mm/min	Auszug Nä
5	A5	RiNä 4,0 x 50 mm	Zyk, 10 mm/min	Auszug Nä
6	B1	RiNä 4,0 x 75 mm	Mon, 5 mm/min	Zugversagen Stahl
7	B2	RiNä 4,0 x 75 mm	Mon, 5 mm/min	Zugversagen Stahl
8	B3	RiNä 4,0 x 75 mm	Zyk, 10 mm/min	Zugversagen Stahl
9	B4	RiNä 4,0 x 75 mm	Zyk, 10 mm/min	Zugversagen Stahl
10	B5	RiNä 4,0 x 50 mm	Mon, 5 mm/min	Zugversagen Stahl
11	B6	RiNä 4,0 x 50 mm	Zyk, 10 mm/min	Zugversagen Stahl
12	B7	SR 4,0 x 50 mm	Mon, 5 mm/min	Zugversagen Stahl
13	B8	SR 4,0 x 50 mm	Zyk, 10 mm/min	Zugversagen Stahl
14	C1	RiNä 4,0 x 75 mm	Mon, 2 mm/min	Zugversagen Stahl
15	C2	RiNä 4,0 x 75 mm	Mon, 2 mm/min	Zugversagen Stahl
16	C3	RiNä 4,0 x 75 mm	Zyk, 4 mm/min	Spalten Holz
17	C4	RiNä 4,0 x 75 mm	Zyk, 10 mm/min	Zugversagen Holz
SR = Schraube, RiNä = Rillennägel				

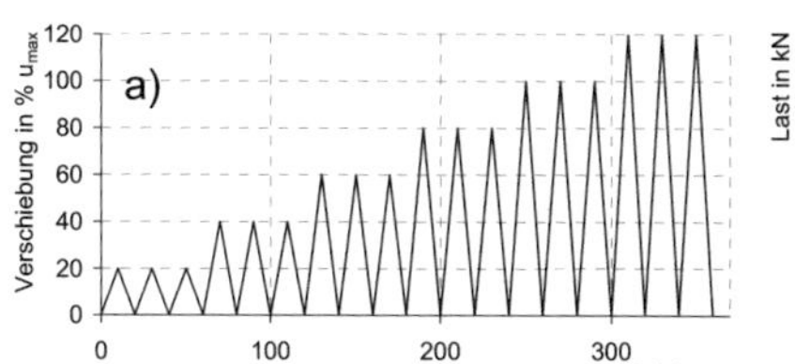

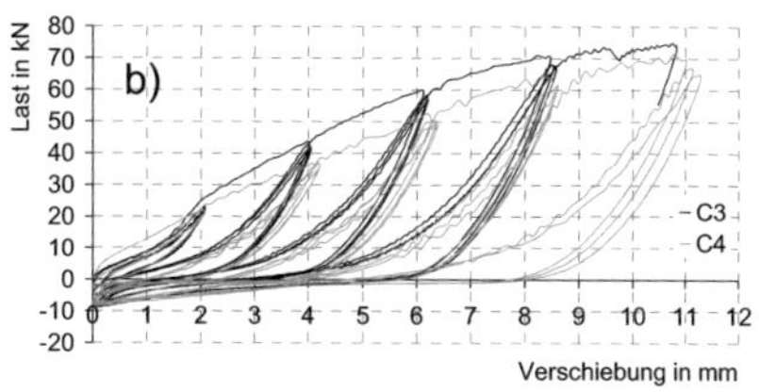

Bild 4-13   a) Lastungsprotokoll für die Zuganker, b) Typische Hysteresekurven

4.2.3.3   Versuchsergebnisse und Diskussion

Bei zyklischen Versuchen ist das Ausziehen oder Abreißen von Verbindungsmitteln zu beobachten (Bild 4-19 a)), weiterhin die plastische Verformung der Zuganker. Im Querschnitt des langen Schenkels kann Zugversagen des Metalls auftreten (Bild 4-19 h) und i)), bis dahin tritt jedoch unter zyklischer Belastung Energiedissipation auf. Die Schrauben oder RiNä mit 4,0 x 50 mm werden beim Zuganker des Typs A unabhängig von der Belastung ausgezogen (ähnlich Bild 4-19 g)). Die vergleichsweise kurzen Verbindungsmittel und die im Vergleich zu den Typen B und C geringere Anzahl führen zum Ausziehen, welches teilweise mit Kopfabriss verbunden ist. Die längeren Verbindungsmittel bzw. deren größere Anzahl führen bei Typ B und Typ C zum Versagen des Nettoquerschnitts des Stahls im Bereich der untersten Bohrungen (Tabelle 4-5). Vor dem Versagen sind bei allen geprüften Zugankern Verformungen von über 10 mm möglich (Bild 4-14), die bilineare Last-Verschiebungskurve für den Typ B zeigt eine Duktilität von ca. 2,5, bei den Typen A und C wird höhere Duktilität erreicht.

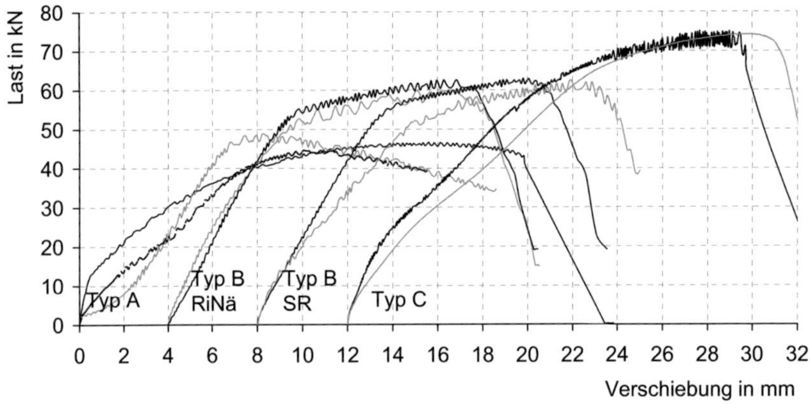

Bild 4-14   Last-Verschiebungskurven monotone Versuche mit Zugankern

Eine typische Hysteresekurve für einen Versuch mit Zugankern ist in Bild 4-13 b) dargestellt. Die für den Holzbau typische Form zeigt, dass die eingetragene Energie über die stiftförmigen Verbindungsmittel dissipiert wird und nicht über die plastische Verformung des Stahlquerschnitts (vgl. Abschnitt 3.1.2). Bild 4-15 zeigt den Vergleich der Energiedissipation der verschiedenen Zugankertypen. Unabhängig vom Typ und von den verwendeten Verbindungsmitteln ist das Verhalten sowie der Gesamtbetrag der dissipierten Energie ähnlich. Im Vergleich zur Energiedissipation einer ganzen Wandscheibe ist der Betrag gering.

Die Bemessung von Zugankern muss daher so erfolgen, dass Versagen beim Anschluss des kurzen Schenkels mit Bolzen, Metalldübeln, Klebedübeln oder Gewindestangen ausgeschlossen wird. Wenn davon ausgegangen werden kann, dass das Versagen der Verbindung im Bereich der stiftförmigen Verbindungsmittel erfolgt, so ist in jedem Falle ein duktiles Verhalten zu erwarten. Die Angabe eines Verhaltensbeiwerts für diese Verbindungen kann im Rahmen dieses Berichtes jedoch nicht erfolgen.

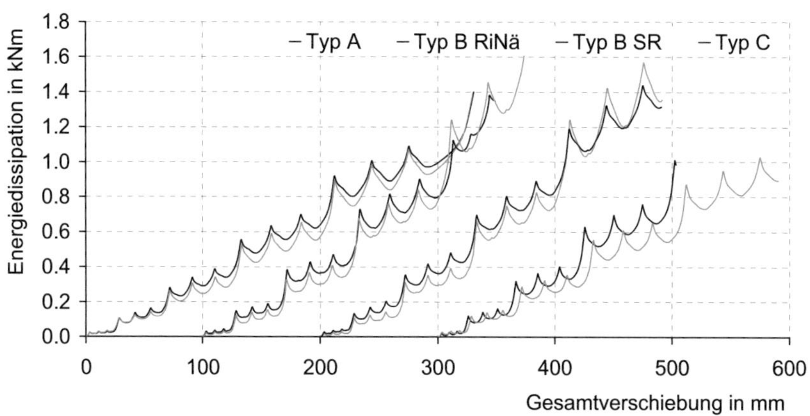

Bild 4-15   Vergleich der Energiedissipation für die geprüften Zuganker

4.2.4   Versuche an Wandscheiben

Mit den Versuchen am Element Fux4S sollte die grundsätzliche Eignung der Massivholz-Paneelbauweise für den Einsatz in Erdbebengebieten geklärt werden. Die Eigenschaften der Wandscheiben unter horizontalen Lasten hängen von der Geometrie der Wandscheibe, den Verbindungsmitteln sowie dem Werkstoff für die Koppelbretter und der Zuganker der Wandscheiben ab. Standardmäßig wurden die Versuche mit der Wandlänge ℓ = 2,5 m durchgeführt. Diese Wandlänge kommt der in ISO/CD 21581 geforderten am nächsten und kann damit einfach für Vergleiche mit anderen Wandbauweisen genutzt werden.

Es wurden Koppelbretter aus Vollholz (VH) und Sperrholz (BFU) verwendet. Bretter aus Vollholz sind kostengünstig, neigen jedoch bei Schubbelastung und durch die in Reihe angeordneten Verbindungsmittel zum Spalten. Nicht in allen Ländern sind die standardmäßig verwendeten Klammern als Verbindungsmittel bei tragenden Holzkonstruktionen zugelassen, alternativ wurden daher magazinierte Rillennägel („Coilnägel") und Schrauben verschiedener Längen verwendet. Während die magazinierten Rillennägel mit Druckluftnaglern ebenfalls wirtschaftlich eingebracht werden können, ist die Verarbeitungsgeschwindigkeit von Schrauben selbst bei Verwendung von Magazinschraubern deutlich geringer. Die große Anzahl an Verbindungsmitteln macht dies schnell zu einem limitierenden Kostenfaktor. Verschiedene Zuganker wurden bei den Versuchen verwendet. Es sollte deren Verhalten unter monotonen und zyklischen Lasten und damit deren Einfluss auf das Gesamtverhalten der Wand untersucht werden.

4.2.4.1   Versuchsaufbau

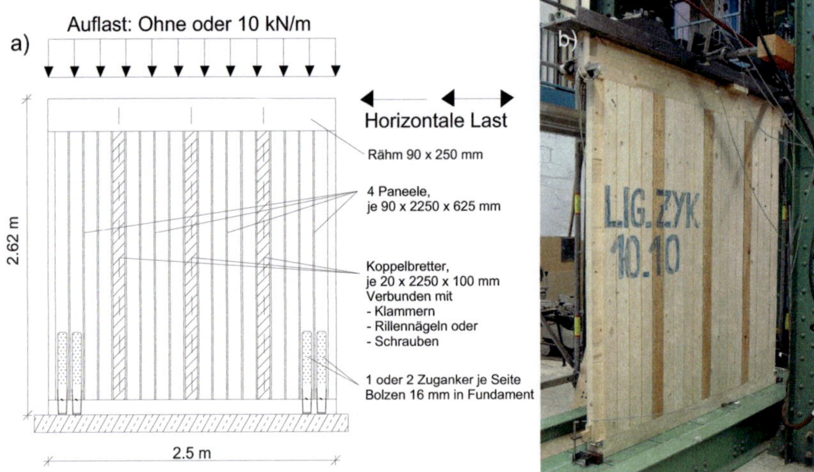

Bild 4-16   a) Skizze Wandscheibenprüfkörper aus Fux4S-Elementen,
             b) Wandscheibe in Prüfapparatur

Das umfangreiche Versuchsprogramm mit verschiedenen Konfigurationen der relevanten Bauteile ist in Tabelle 4-7, Tabelle 4-9 sowie Tabelle 4-10 beschrieben. Wie in Abschnitt 4.1 erläutert, werden monotone und zyklische Versuche durchgeführt, um sowohl die Tragfähigkeits- und Steifigkeitseigenschaften der Wand bestimmen zu können, als auch Aussagen über deren Energiedissipation treffen zu können.

Der Versuchsaufbau für die Wände mit Fux4S-Elementen ist in Bild 4-16 dargestellt. Der Prüfkörper orientiert sich in seinen Abmessungen auch an baupraktischen Gegebenheiten: Die Höhe entspricht einer üblichen Stockwerkshöhe, die Länge des Prüfkörpers beträgt 2,5 m.

4.2.4.2   Monotone Wandscheibenversuche mit Element Fux4S

Die Eignung verschiedener Verbindungsmittel unter horizontalen Lasten wurde anhand der ersten Versuche mit dem Element Fux4S durchgeführt. Auf dieser Basis erfolgte die Weiterentwicklung der Elemente und der Fugengeometrie. Tabelle 4-6 enthält die Versuchsbezeichnungen, Tabelle 4-7 die durchgeführten Versuche, die Anordnung der Verbindungsmittel zeigt Bild 4-17.

Tabelle 4-6 Bezeichnungen Wandscheibenversuche Fux4S

1.Stelle	2.Stelle	3.Stelle	4.Stelle
Bauweise Lignotrend	Lastaufbringung	Auflast	Fortlaufende Nummer
LIG_	PO_ („Push Over", Monoton) ZYK_ (Zyklisch)	0_ nur Lasteinleiter (1.6 kN/m bei Wandlänge 2,5 m) 10_ Auflast 10 kN/m	1,2,3…

Tabelle 4-7: Übersicht über die monotonen Versuche mit Element Fux4S

Nr.	Bezeichnung	Stoß-brett	Verbindungs-mittel (Bild 4-17)	Abstand VM Koppelbrett	Zuganker
1	LIG_PO_10_1	NH	SR 4,0 x 50 a)	a_1 = 100 mm a_2 = 30 mm	1 x Typ A
2	LIG_PO_0_1	NH	SR 4,0 x 50 a)	a_1 = 100 mm a_2 = 30 mm	1 x Typ A
(3)	LIG_PO_0_1B	NH	SR 4,0 x 50 a)	a_1 = 50 mm a_2 = 30 / 40 mm *)	2 x Typ A
4	LIG_PO_10_2	BFU	KL 1,83 x 63,5 b)	a_1 = 50 mm a_2 = 30mm	1 x Typ B
(5)	LIG_PO_10_2B	BFU	KL 1,83 x 63,5 b)	a_1 = 50 mm a_2 = 30mm	2 x Typ B
6	LIG_PO_10_3	BFU	RiNa 2,8 x 65 b)	a_1 = 50 mm a_2 = 30mm	2 x Typ B
*) versetzte Anordnung der VM					

Die Einleitung der horizontalen Last erfolgte im Stabilisierungs- und Steifigkeits-Lastzyklus sowie bis zur Haltezeit der Tragfähigkeitsprüfung mit der Verschiebungs-geschwindigkeit 2 mm/min. Für die Tragfähigkeitsprüfung nach der Haltezeit wurde die Verschiebungsgeschwindigkeit 6 mm/min gewählt.

Die Ergebnisse der Versuche enthält Tabelle 4-8, die Last-Verschiebungs-diagramme zeigt Bild 4-18.

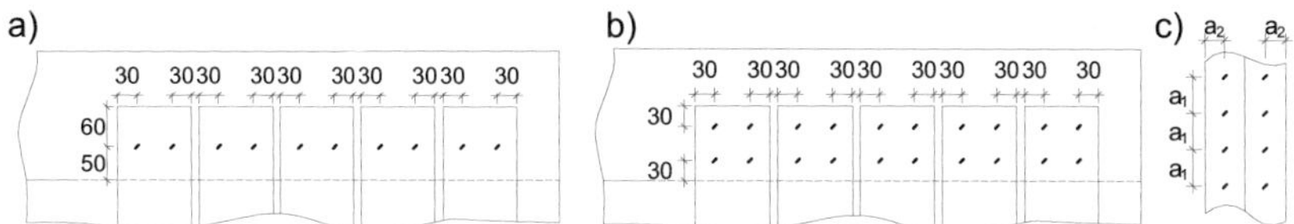

Bild 4-17   Verbindungsmittel bei Fux4S (vgl. Tabelle 4-7): a), b) Anordnung an Schwelle bzw. Rähm c) Koppelbrett

Das Versagen der Versuchskörper 1 und 2 (Tabelle 4-7) trat an den Zugankern ein. So konnte teilweise das Durchziehen der Schraube durch den Zuganker beobachtet werden (Bild 4-19 c)), davor schon das Aufbiegen des Schenkels und damit deutliches Abheben der Schwelle vom Fundament. Die Last-Verschiebungskurve der Versuche 1 und 2 zeigt ausgeprägt plastisches Verhalten, welches von diesen Verformungen rührt. Bei den folgenden Versuchen wurde daher ein zweiter Zuganker angebracht. Der Prüfkörper von Versuch 2 war nach dem Versuch weitgehend ungeschädigt und wurde für Versuch 3 abermals verwendet, wobei die Belastung in der anderen Richtung erfolgte (Zusatz „_1B"). Durch den zweiten Zuganker ergibt sich wesentlich steiferes Verhalten bis zum Versagen des Bolzens. Mit dem zweiten Zuganker können weiterhin ausreichend große Verformungen bei größerer Steifigkeit des Prüfkörpers beobachtet werden.

Tabelle 4-8 Ergebnisse der monotonen Versuche

Nr.	Bezeichnung	F_{max} in kN	F_{max} in kN/m	u_{max} in mm	F bei Verschiebung u = 5 mm	Steifigkeit K in N/mm
1	LIG_PO_10_1	55.2	22.1	148.2	8.5	1454
2	LIG_PO_0_1	46.8	18.7	82.9	8.3	1490
3	LIG_PO_0_1B	47.2	18.9	69.5	5.9	1180
4	LIG_PO_10_2	66.7	26.4	69.8	16.3	2054
5	LIG_PO_10_2B	94.7	37.9	88.0	8.8	1200
6	LIG_PO_10_3	92.6	37.0	73.0	16,7	2076

$$\text{mit} \quad K = \frac{0{,}3 \cdot F_{max}}{u_{40\% \, F_{max}} - u_{10\% \, F_{max}}} \; \text{N}/\text{mm}$$

Versuch 4 zeigt aufgrund der verwendeten Klammern und Zuganker wesentliche Verbesserungen hinsichtlich der aufnehmbaren Höchstlast und der Steifigkeiten. Bei hohen Lasten und Verschiebungen erfolgte das Versagen durch den Abriss der Stahllasche des Zugankers im Nettoquerschnitt (Bild 4-19 h)). Der Prüfkörper war weitgehend unbeschädigt und konnte nach Austausch der Zuganker einer weiteren Prüfung in der anderen Richtung unterzogen werden (Versuch 5). Das Versagen von

Versuch 5 trat durch Abriss der Nut am Einbinder in Höhe der Klammerreihe auf. Analog zu Versuch 2 und 3 zeigt sich bei Belastung in der anderen Richtung deutlich steiferes Verhalten des Prüfkörpers. Die Versuche 4 und 5 können daher lediglich zur Orientierung verwendet werden. Beim Versuch 6 wurden Rillennägel verwendet. Es zeigen sich ebenfalls hohe Lasten bei großen Verformungen, das Versagen trat durch Aufspalten der Bretter am Rähm auf (Bild 4-19 k)).

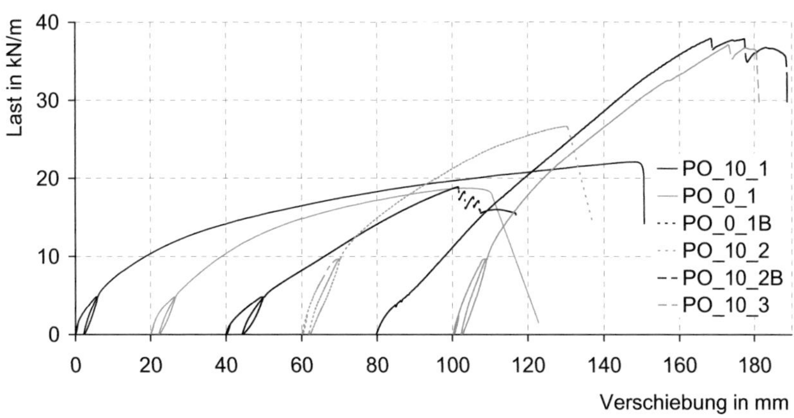

Bild 4-18   Last-Verformungskurven monotone Versuche mit Fux4S

4.2.4.3   Zyklische Wandscheibenversuche mit Element Fux4S

Tabelle 4-9 zeigt die Versuche mit Fux4S mit zyklischer Lastaufbringung. Die Lasteinleitung erfolgte bei allen Versuchen mit der Geschwindigkeit 100 mm/min. Bei den Versuchen wurden verschiedene Verbindungsmittel zur Befestigung der Elemente sowie der Koppelbretter verwendet und so deren Eignung für zyklische Lasten geprüft. Die Versuchsbezeichnungen enthält Tabelle 4-6. Die Versagensarten nach Tabelle 4-9 sind in Bild 4-19 gezeigt. Die Last-Verschiebungskurven und die tabellierte Form der Hysterese sind in Abschnitt 10 (Bild 10-1 bis Bild 10-18 bzw. Tabelle 10-1 bis Tabelle 10-18) dargestellt. Das Versagen von Nägeln und Schrauben trat analog zu den Beobachtungen in Abschnitt 4.2.2 durch Abriss der Verbindungsmittel in den Belastungszyklen mit den Verschiebungsstufen von ca. ± 40 mm bis ca. ± 60 mm ein.

Tabelle 4-9 Übersicht über die zyklischen Versuche mit Element Fux4S

Nr.	Bezeichnung	Stoßbrett	Verbindungs- mittel (Bild 4-17)	Abstand Verbindungs- mittel	Zuganker	Versagen Bild 4-19
7	LIG_ZYK_10_1	NH	SR 4,0 x 50 a)	a_1 = 100 mm a_2 = 30 mm	2 x Typ A	a)
8	LIG_ZYK_10_2	Kerto	SR 4,0 x 50 a)	a_1 = 100 mm a_2 = 30 mm	2 x Typ A	e) bzw. i)
9	LIG_ZYK_10_3	Kerto	SR 4,0 x 70 b)	a_1 = 50 mm a_2 = 30 mm	2 x Typ A	d)
10	LIG_ZYK_10_3B	Kerto	SR 4,0 x 70 b)	a_1 = 50 mm a_2 = 30 mm	2 x Typ A + Schiene	f)
11	LIG_ZYK_10_4	NH	KL 1,53 x 55 b)	a_1 = 50 mm a_2 = 30 mm	2 x Typ A	f)
12	LIG_ZYK_10_5	NH	RiNä 2,8 x 65 b)	a_1 = 60 mm a_2 = 30 mm	2 x Typ A	c)
13	LIG_ZYK_10_6	BFU	KL 1,83 x 63,5 b)	a_1 = 50 mm a_2 = 30 mm	2 x Typ B	e) bzw. i)
14	LIG_ZYK_10_7	BFU	KL 1,83 x 63,5 b)	a_1 = 50 mm a_2 = 30 mm	2 x Typ B	e) bzw. i)
15	LIG_ZYK_10_8	BFU	KL 1,83 x 63,5 b)	a_1 = 50 mm a_2 = 30 mm	2 x Typ B	e) bzw. i)
16	LIG_ZYK_10_12	BFU	KL 1,83 x 63,5 b)	a_1 = 50 mm a_2 = 30 mm	2 x Typ B	h)
17	LIG_ZYK_10_9	BFU	RiNä 2,8 x 65 b)	a_1 = 50 mm a_2 = 30 mm	2 x Typ B	e) bzw. i)
18	LIG_ZYK_10_10	BFU	RiNä 2,8 x 65 b)	a_1 = 50 mm a_2 = 30 mm	2 x Typ B	e) bzw. i)
19	LIG_ZYK_10_11	BFU	RiNä 2,8 x 65 b)	a_1 = 50 mm a_2 = 30 mm	2 x Typ B	j)
20	LIG_ZYK_0_1	NH	SR 4,0 x 50 a)	a_1 = 100 mm a_2 = 30 mm	2 x Typ A	c), a)
21	LIG_ZYK_0_1B	NH	SR 4,0 x 50 a)	a_1 = 100 mm a_2 = 30 mm	2 x Typ A	e) bzw. i)
22	LIG_ZYK_0_2	NH	SR 4,0 x 50 b)	a_1 = 50 mm a_2 = 30 mm	2 x Typ A	d)
23	LIG_ZYK_0_3	NH	KL 1,53 x 55 b)	a_1 = 40 mm a_2 = 30 mm	2 x Typ A	c)
24	LIG_ZYK_0_4	NH	KL 1,53 x 55 b)	a_1 = 50 mm a_2 = 30 mm	2 x Typ A	c)
25	LIG_ZYK_0_5	NH	RiNä 2,8 x 65 b)	a_1 = 60 mm a_2 = 30/40 mm	2 x Typ A	b)

Das Ermüdungsversagen der Verbindungsmittel tritt bei Wandscheibenversuchen schrittweise ein, der Lastabfall im Versuch ist daher weniger ausgeprägt als bei den Versuchen mit Verbindungsmitteln. Der Abriss der Verbindungsmittel ist die Ursache für den teilweise erheblichen Traglastverlust zwischen der ersten und der zweiten bzw. dritten Schleife des zyklischen Lastprotokolls.

Bild 4-19 Versagensarten bei der Massivholz-Paneelbauweise: a) Querzug-versagen Rähm, b) Durchknöpfen Zuganker, c) Spalten Koppelbrett, d) Abriss Bolzen Zuganker e) Versagen Verbindung Element-Rähm, f) Ermüdungsversagen Schrauben Zuganker, g), h) Abriss Zuganker, i) Versagen Verbindung Element-Rähm, j) Spalten Brettüberstände

An verschiebungsbeanspruchten Stellen ist vor dem Versagen der Auszug der Verbindungsmittel um mehrere Millimeter zu beobachten. Selbst in hohen Verschiebungsstufen (nach vielen Zyklen) konnte in keinem Versuch Klammerversagen durch Ermüdung festgestellt werden.

An beiden Enden der Wandscheiben wurden jeweils zwei Zuganker angebracht. Die Befestigung der Elemente an Schwelle bzw. Rähm wurde nach Bild 4-17 ausgeführt. Um Querzugversagen des Rähms zu verhindern (Bild 4-19 a)), wurde dies mit je drei Vollgewindeschrauben an beiden Enden verstärkt. Die Koppelbretter wurden mit Brettern aus Nadelholz sowie mit den Holzwerkstoffen Kerto und BFU ausgeführt.

Bei Koppelbrettern aus Vollholz trat erwartungsgemäß Spaltversagen auf. Während bei Schrauben und Nägeln aufgrund des größeren Verbindungsmitteldurchmessers frühe Spaltneigung zu erkennen war, trat bei Verwendung von Klammern erst bei deutlich größeren Verschiebungsstufen Spalten auf. Koppelbretter aus Holzwerkstoffen verhindern das Spalten.

Prüfkörper mit dem Zusatz „B" wurden nach geringen Vorschädigungen im ersten Versuch einer zweiten Prüfung unterzogen.

Die Prüfkörper ohne zusätzliche Auflast zeigten in den Versagensmechanismen kein signifikant anderes Verhalten als diejenigen mit Auflast 10 kN/m. Die Form der Hysterese unterscheidet sich naturgemäß durch die ausgeprägtere Einschnürung („pinching").

Die Versuche 13 bis 19 wurden in der chronologischen Reihenfolge zuletzt ausgeführt. Die verwendeten Verbindungsmittel und Koppelbretter sowie die Zuganker hatten sich als die unter zyklischen Lasten sinnvollste Konstellation ergeben. Die Versagensbeschreibung kann Tabelle 4-9 entnommen werden.

4.2.4.4   Monotone Wandscheibenversuche mit Element Fux6S

Bei zweischaligen Wänden können sich die beiden Schalen der Wand unabhängig voneinander bewegen, diese Entkopplung führt zu besseren Schallschutzeigenschaften. Ähnliches wird mit dem Element Fux6S verfolgt. Ausgehend vom bekannten Konstruktionsprinzip können die Elemente wechselseitig versetzt auf der Schwelle angeordnet werden.

Die Vertiefungen in der Oberfläche werden gedämmt, nach Anbringen einer Gipskartonplatte entsteht eine der zweischaligen Wand ähnliche Konstruktion. Element Fux6S hat an beiden Seiten zwei Nuten zur Aufnahme von Koppelbrettern.

So können bei der versetzten Anordnung der Elemente bis zu drei Koppelbretter angebracht werden (Bild 4-20).

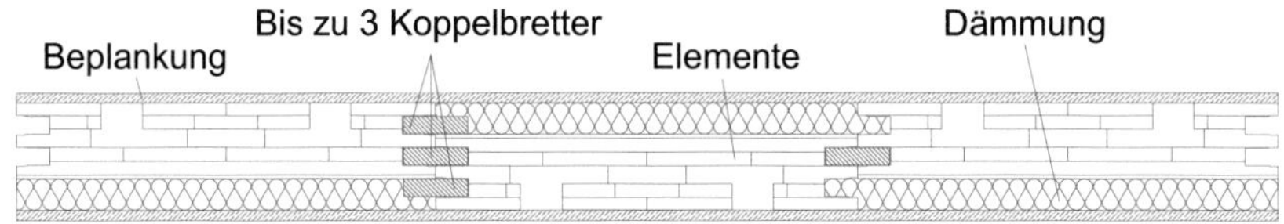

Bild 4-20   Versetzte Anordnung bei Element Fux6S

Tabelle 4-10 zeigt die monotonen und die zyklischen Versuche mit dem Element Fux6S. Die Versuche Nr. 38 und Nr. 39 wurden wegen der kurzen Wandlänge ohne zusätzliche Auflast durchgeführt, alle anderen Versuche wurden mit der Auflast 10 kN/m geprüft. Die Verbindungsmittelabstände zeigt Bild 4-21.

Tabelle 4-10 Versuche mit Element Fux6S

Nr.	Bezeichnung	Draufsicht	Ansicht	Koppel-bretter	VM nach Bild 4-21)	VM Koppelbrett	Zuganker
			Monotone Versuche				
26 27	L_N_M_1 L_N_M_2			1 x BFU	a) b)	a_1=50mm, Kl 1,83 x 64 mm	2 x Typ C
28 29	L_N_M_3 L_N_M_4			1 x BFU	b) b)	a_1=50mm, Kl 1,83 x 64 mm	2 x Typ C
30	L_N_M_5			2 x BFU	d)	a_1=50mm, Kl 2,0 x 90 mm	2 x Typ C
			Zyklische Versuche				
31 32	L_N_Z_1 L_N_Z_2			1 x BFU	b) b)	a_1=50mm, Kl 1,83 x 64 mm	2 x Typ C
33 34	L_N_Z_3 L_N_Z_4			1 x BFU	b) b)	a_1=50mm, Kl 1,83 x 64 mm	2 x Typ C
35	L_N_Z_5			2 x BFU	d)	a_1=50mm, Kl 2,0 x 90 mm	2 x Typ C
36 37	L_N_Z_6 L_N_Z_7			1 x BFU	c) c)	a_1=50mm, Kl 1,83 x 64 mm	2 x Typ C
38 39	L_N_Z_8 L_N_Z_9			1 x BFU	c) c)	a_1=50mm, Kl 1,83 x 64 mm	2 x Typ C
40 41	L_N_Z_10 L_N_Z_11			1 x BFU	c) c)	a_1=50mm, Kl 1,83 x 64 mm	2 x Typ C

Die Ergebnisse der monotonen Versuche zeigt Bild 4-22. Das Versagen von Versuch 26 trat durch die Ablösung der Klammern an den Überständen von

Schwelle und Rähm (Anordnung nach Bild 4-21 a)) ein. Bild 4-23 zeigt den Anschluss der Elemente an Rähm (Schwelle analog). Das Verbindungsmittel durchdringt Längs- und Querlagen, diese Kreuzung der Lagen verhindert das Aufspalten der Überstände. Daher können die Abstände der Verbindungsmittel untereinander deutlich verringert werden. Blaß und Uibel (2007) geben Vorschläge für die Mindestabstände von Verbindungsmitteln in den Seitenflächen von BSPH an (Tabelle 4-11). Da die Spaltgefahr durch Längs- und Querlagen minimiert wird, können diese Mindestabstände auf den Überstand an Schwelle und Rähm angewendet werden. Durch die große Anzahl der Verbindungsmittel (z.B. Bild 4-21 d) lassen sich deutlich höhere Kräfte, als dies ohne gekreuzte Lagen der Fall gewesen wäre, übertragen.

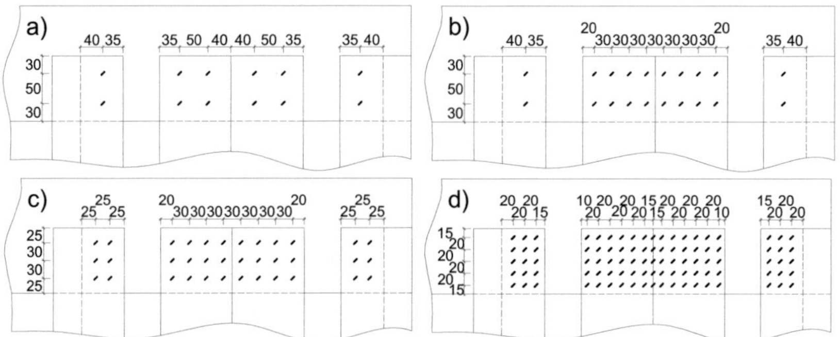

Bild 4-21   Klammern an Schwelle/Rähm bei Element Fux6S (vgl. Tabelle 4-10)

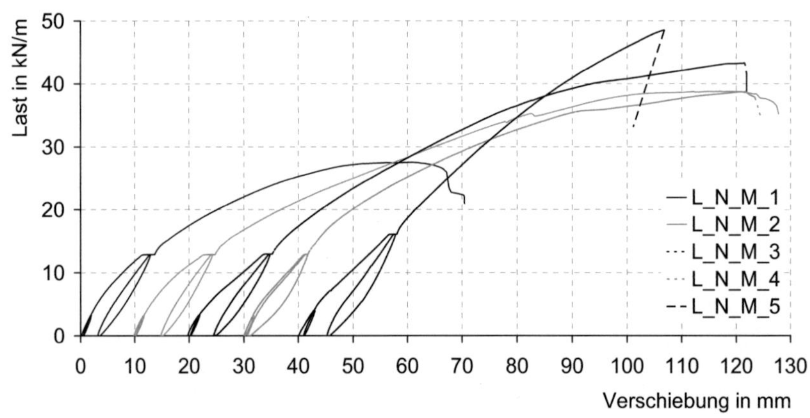

Bild 4-22   Last-Verformungskurven monotone Versuche Element Fux6S

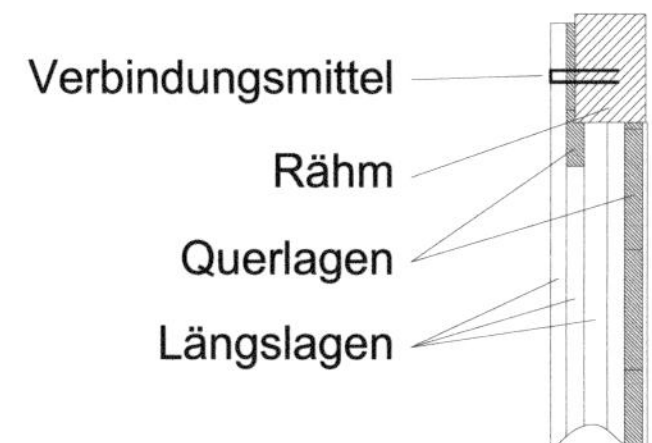

Bild 4-23   Elementüberstand bei der Geometrie Fux6S

Tabelle 4-11 Vorschläge für die Mindestabstände von Verbindungsmitteln in den Seitenflächen von BSPH nach Blaß und Uibel (2007)

Verbindungs-mittel	$a_{1,t}$	$a_{1,c}$	a_1	$a_{2,t}$	$a_{2,c}$	a_2
Schrauben [1]	$6 \cdot d$	$6 \cdot d$	$4 \cdot d$	$6 \cdot d$	$2.5 \cdot d$	$2.5 \cdot d$
Nägel	$(7 + 3 \cdot \cos\alpha) \cdot d$	$6 \cdot d$	$(3 + 3 \cdot \cos\alpha) \cdot d$	$(3 + 4 \cdot \sin\alpha) \cdot d$	$3 \cdot d$	$3 \cdot d$
Stabdübel	$5 \cdot d$	$4 \cdot d \cdot \sin\alpha$ (mind. $3 \cdot d$)	$(3 + 2 \cdot \cos\alpha) \cdot d$	$3 \cdot d$	$3 \cdot d$	$4 \cdot d$
α Winkel zwischen Kraftrichtung und Faserrichtung der Decklagen						
[1] Selbstbohrende Holzschrauben ohne Bohrspitze						

Die monotonen Versuche 27, 28 und 29 wurden mit reduzierten Verbindungsmittelabständen nach Bild 4-21 durchgeführt. Die Last-Verformungskurven zeigen duktiles Verhalten bis zu Verschiebungen von ca. 100 mm bei hohem Lastniveau.

Versuch 30 wurde mit Klammern 2,0 x 90 mm als Verbindungsmittel für die Koppelbretter durchgeführt. Durch die vierschnittige Verbindung verhält sich die Wandscheibe deutlich steifer als bei der zweischnittigen Verbindung, das Versagen trat durch Abriss der Bodenverankerungswinkel (analog Bild 4-19 i)) ein.

4.2.4.5   Zyklische Wandscheibenversuche mit Element Fux6S

Die zyklischen Versuche mit dem Element Fux6S sollten neben der Untersuchung des Erdbebenverhaltens auch Aufschlüsse über die Zuverlässigkeit des numerischen Modells (Abschnitt 5) liefern. Die Länge der Prüfkörper wurde variiert, um mit der wechselnden Zahl der Koppelfugen die Richtigkeit der Wiedergabe der Energiedissipation zu überprüfen.

Durch die gekreuzten Brettsperrholzlagen am Überstand von Schwelle und Rähm ist Versagen durch Spalten weitgehend ausgeschlossen. Durch die mindestens zweischnittige Verbindung bei Element Fux6S konnten hohe Lasten und gleichzeitig hohe Energiedissipation beobachtet werden. Das Verhalten der vierschnittigen Verbindung und Klammern 2,0 x 90 mm ist durch hohe aufnehmbare Horizontallasten bei hoher Duktilität gekennzeichnet und stellt damit eine interessante Erweiterung des Einsatzbereiches dar.

Die kurzen Wandscheiben mit nur zwei Elementen wurden ohne Auflast geprüft. Beim Aufbringen von Auflast über den Lastverteiler und die Rollschlitten würden jeweils zwei Rollen der Rollschlitten nicht mehr auf der Wand aufliegen, wodurch die Gefahr des Verbiegens des Lastverteilers und die Gefahr unkontrollierter Ausmittigkeiten besteht.

Die Last-Verschiebungsdiagramme sowie die tabellierte Form der Hysterese sind in Abschnitt 10 (Bild 10-19 bis Bild 10-29 und Tabelle 10-19 bis Tabelle 10-29) dargestellt.

4.2.4.6   Versuchsergebnisse und Diskussion

Bild 4-24 zeigt die Energiedissipation über die Gesamtverschiebung der Versuche mit dem Element Fux4S, Bild 4-25 zeigt dies mit dem Element Fux6S. Die Gesamtverschiebung ergibt sich durch Addition der Verschiebungen der einzelnen Zyklen. Diese Darstellung enthält zum einen Informationen über den Versagenszeitpunkt, zum anderen ist die Darstellung („Steigung" der Ergebnisse) unabhängig von der Verschiebungsgeschwindigkeit im Versuch.

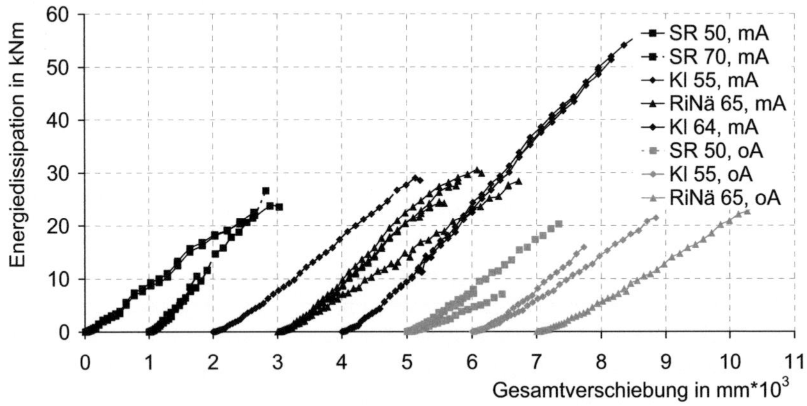

Bild 4-24   Energiedissipation Element Fux4S (mA/oA = mit/ohne Auflast)

Bild 4-24 zeigt, dass die Energiedissipation bei den Versuchen mit Element Fux4S ähnlich ist. Einzig die Versuchsreihe bei Position 4000 mm (Klammern 64 mm in Koppelbrett BFU) zeigt deutlich höhere Energiedissipation, da der Versuch aufgrund der positiven Eigenschaften aus dem Zusammenspiel von Klammern und Koppelbrett BFU unter wiederholten Lasten mehr Belastungszyklen übersteht.

Aufgrund der geringen Unterschiede der Energiedissipation wurde in Bild 4-24 keine Unterscheidung zwischen den Materialien der Koppelbretter vorgenommen. Bei der Verwendung eines Koppelbrettes aus Nadelholz weist die Energiedissipation jedoch meist geringere „Steigung" als bei Verwendung eines Koppelbrettes aus BFU (z.B. bei Position 3000 mm (RiNä 65 mm)) auf.

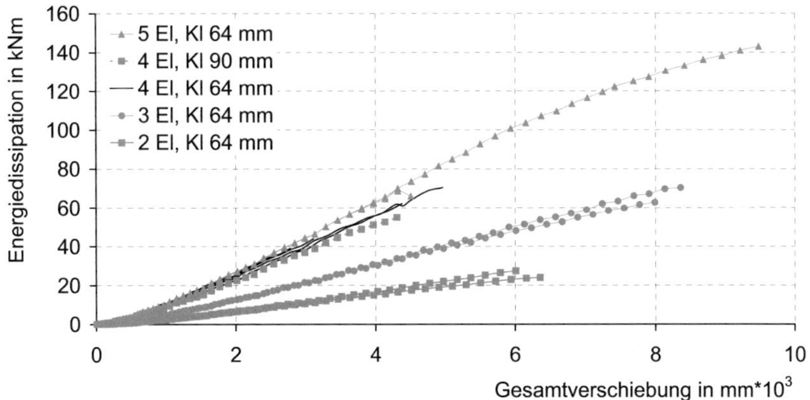

Bild 4-25   Energiedissipation Element Fux6S

Bild 4-25 zeigt die Energiedissipation der Versuche mit dem Element Fux6S. Die Abhängigkeit von der Anzahl der Wandelemente und damit der Anzahl der Verbindungsmittel ist ebenso deutlich zu erkennen wie das im Gegensatz zu Element Fux4S größere Verformungsvermögen der Prüfkörper bedingt durch die zweischnittige Verbindung und die optimierten Zuganker.

Bild 4-26 und Bild 4-27 zeigen den Vergleich der äquivalenten hysteretischen Dämpfung der geprüften Elemente. Die größere Zahl der Versuche bei der Element Fux6S schafft ein einheitlicheres Bild, bei dem sich die Energiedissipation über die Verschiebung auf einem annähernd konstanten Niveau hält. Die logarithmische Trendlinie zeigt für den ersten Durchlauf stabile Dämpfung von ca. 11 %, für den zweiten und dritten Durchlauf fallen diese Werte auf knapp über 10 % ab. Der Vergleich von Bild 4-26 und Bild 4-27 mit Bild 4-11 zeigt, dass hinsichtlich der Energiedissipation nicht vom Verhalten von Holzverbindungen auf das Verhalten von Wandscheiben zurückgeschlossen werden kann. Holzverbindungen weisen in den ersten Zyklen hohe Dämpfungsmaße auf, die im Laufe des Versuchs abfallen. Die Klammerverbindungen in Bild 4-11 a) stabilisieren sich nach anfänglichen Werten von bis zu 30 % beispielsweise bei ca. 10 %, während die Wandscheibenversuche in Bild 4-26 und Bild 4-27 anfänglich niedrige Werte aufweisen und sich ebenfalls bei ca. 10 % stabilisieren.

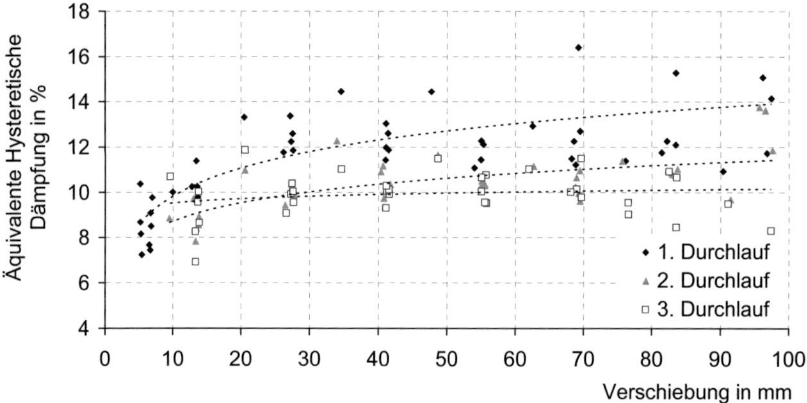

Bild 4-26   Äquivalente Hysteretische Dämpfung für Klammern, Element Fux4S

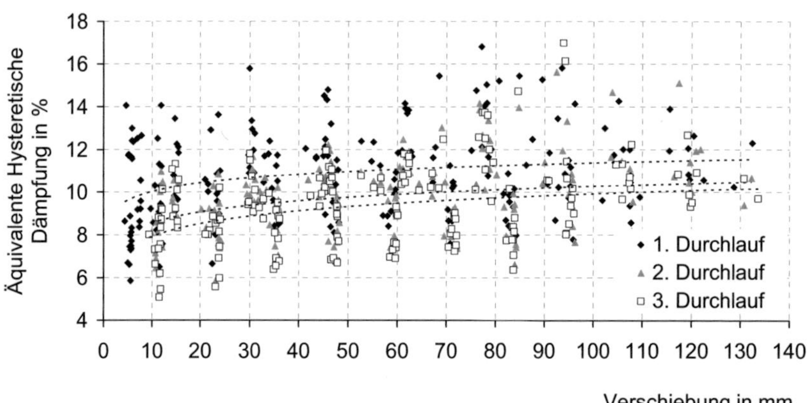

Bild 4-27   Äquivalente Hysteretische Dämpfung für Klammern, Element Fux6S

Die für die Ermittlung der Duktilitätsklasse und des Verhaltensbeiwertes q in EC8 enthaltenen Hinweise zum dissipativen Tragwerksverhalten sollten daher erweitert werden. Momentan sind „die Eigenschaften der dissipativen Bereiche [...] Versuche entweder an einzelnen Verbindungen, an ganzen Tragwerken oder an deren Teilen zu bestimmen." Aufgrund der Beobachtungen können Versuche an einzelnen Verbindungen lediglich zur Abschätzung des grundsätzlichen Verhaltens der Verbindung, also z.B. der Ermüdungsfestigkeit dienen. Genauere Informationen können nur Bauteilversuche am Gesamtsystem liefern.

Tabelle 4-12 Vergleich Äquivalentes hysteretisches Dämpfungsmaß (Mittelwerte)

	Äquivalentes hysteretisches Dämpfungsmaß im 1. Durchlauf	Äquivalentes hysteretisches Dämpfungsmaß im 2. und 3. Durchlauf
Element Fux4S (Klammern)	11.7 %	10.2 %
Element Fux4S (Nägel)	11.5 %	11.0%
Element Fux6S (Klammern)	10.8 %	9.7 %
Äquivalentes hysteretisches Dämpfungsmaß nach Bild 3-9 bzw. Gleichung (3-6)		

5 Numerische Modellierung

5.1 Hysteresemodelle im Holzbau

Im Ingenieurwesen sind zahlreiche Modelle zur Darstellung von hysteretischem Verhalten bekannt. Diese können im Wesentlichen in drei Gruppen eingeteilt werden: Elastoplastische ("bilinear"), Höchstlastorientierte ("peak-oriented") Hysteresemodelle und Modelle mit eingeschnürter Form ("pinching") (Krawinkler (2005)).

Im einfachsten Fall wird ein ideal-plastischer Werkstoff durch ein elastoplastisches Modell beschrieben, welches z.B. hysteretisches Verhalten von Stahlstrukturen abbilden kann (Bild 5-1 a)). Höchstlastorientierte Modelle (Bild 5-1 b)) werden z.B. zur Abbildung von Hysteresekurven von Stahlbetonkonstruktionen verwendet und berücksichtigen die abnehmende Steifigkeit in Abhängigkeit von erreichter Last und Verschiebung. Elastoplastische und höchstlastorientierte Modelle finden in erster Linie im Stahl- und Massivbau Anwendung.

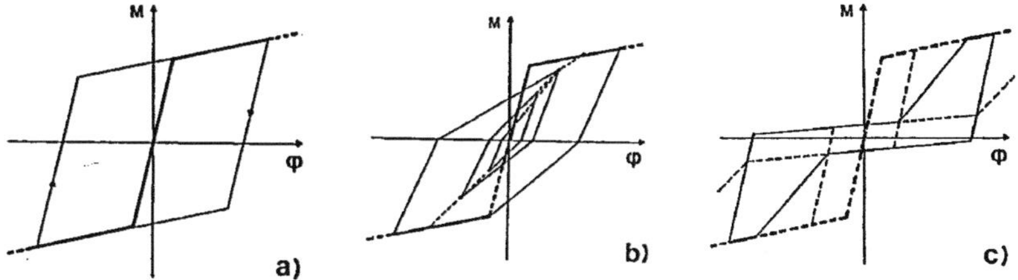

Bild 5-1   Hysteresemodelle: a) elastoplastische, b) höchstlastorientierte, c) eingeschnürte Form (Ceccotti und Vignoli (1989))

Aufgrund der besonderen Verformungscharakteristik von Holzverbindungen (vgl. Abschnitt 3.1.2) beschreiben Hysteresemodelle mit eingeschnürter Form (Bild 5-1 c)) das Verhalten von Holzkonstruktionen am zutreffendsten. Die Hysterese liegt durch die Eigenheiten der Holzverbindung im Wesentlichen im ersten und dritten Quadranten.

Es existieren zahlreiche hysteretische Modelle mit eingeschnürter Form zur Modellierung von Holzverbindungen und ganzen Wandscheiben, wobei zwischen abschnittsweise linearen und kurvenförmigen Definitionen unterschieden werden kann. Ebenfalls kann die Form der Einhüllenden, also die Systemantwort unter monoton ansteigender statischer Belastung („Envelope curve", „backbone curve") als Unterscheidungsmerkmal dienen.

Die meisten Hysteresemodelle wurden in Computerprogramme implementiert, die in der Regel relativ anwenderunfreundlich sind.

Die im Rahmen dieses Forschungsvorhabens gewählte Vorgehensweise bei der Darstellung hysteretischen Verhaltens ist die Verwendung von Feder- bzw. kombinierten Feder-Reibelementen, die bereits in gängigen FE-Programmen implementiert sind. So stellen Blasetti et al. (2008) eine vereinfachte Methode zur Modellierung hysteretischen Verhaltens vor. Die Eigenschaften der Verbindung zwischen Rahmen und Beplankung werden dabei durch die, kombinierten Feder-Reibelemente mit dem Programm ANSYS (siehe Bild 5-2 a)) modelliert.

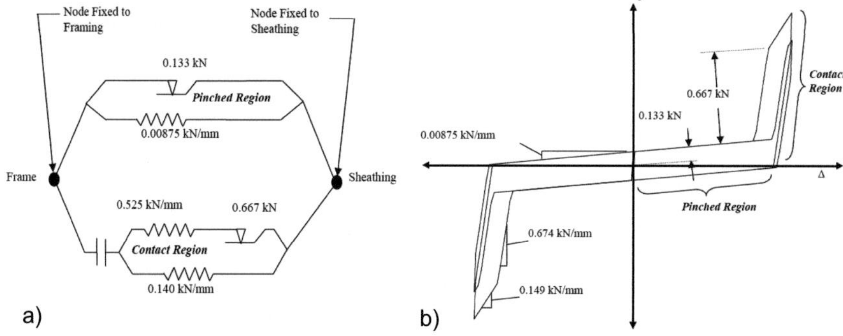

Bild 5-2   a) Element, b) Last-Verformungskurve des hysteretischen Elements nach Blasetti et al. (2008)

Ein ähnlicher Ansatz wurde von Heiduschke (2004) erfolgreich zur Modellierung von Dübelverbindungen genutzt. Dort wird zwischen drei Komponenten unterschieden, welche unabhängig voneinander, in Form von parallel geschalteten Federn, zur Energiedissipation beitragen: Reibung, Biegung des Dübels und Bettungsverhalten des Holzes. Dadurch ist eine Zuordnung von Materialeigenschaften zu den Modellparametern möglich.

5.2   Modellierung einzelner Verbindungsmittel

Die Eigenschaften von Holzverbindungen (Abschnitt 3.1.2) und die Versuche (Abschnitt 4.2.2) zeigen, dass das Verhalten sowohl der Verbindungen als auch der Wandscheiben in erster Linie von den Verbindungsmitteln abhängt. Bei der Modellierung können mechanische Verbindungsmittel gut als Federn dargestellt werden. Bei monotoner Belastung wird das Verbindungsmittel durch eine nichtlineare Feder mit den Eigenschaften aus dem Versuch dargestellt, im schwierigeren Fall zyklischer Belastung muss die Feder nichtlineare sowie hysteretische Eigenschaften besitzen. Die Kalibrierung der Hysteresefedern erfolgt wiederum anhand von Versuchen.

5.2.1 Modell für monotone Belastung

Bild 5-3 zeigt eine Holzverbindung und das zugehörige mechanische Modell. Die Federn können in Finite-Elemente (FE)-Programmen als nichtlineare Federn mit benutzerspezifischer Last-Verformungs-Beziehung definiert werden. Im Programmsystem ANSYS steht hierfür COMBIN39 zur Verfügung, ein eindimensionales Federelement mit bis zu drei Freiheitsgraden (FHG) pro Knoten.

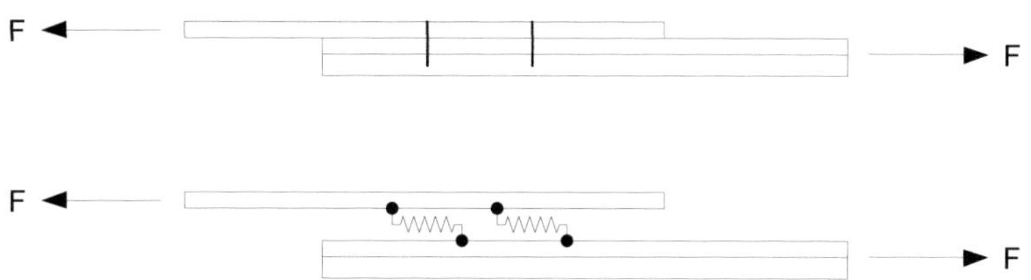

Bild 5-3   Holzverbindung und Modell

Die Knoten-FHG (Verschiebungen u_x, u_y, u_z) werden beim Einbau des Elements in Strukturen, bei denen die Richtung der Knotenverschiebung nicht vorab bekannt ist, benötigt. Bild 5-4 zeigt dies am Beispiel einer Wandscheibe in Holztafelbauweise.

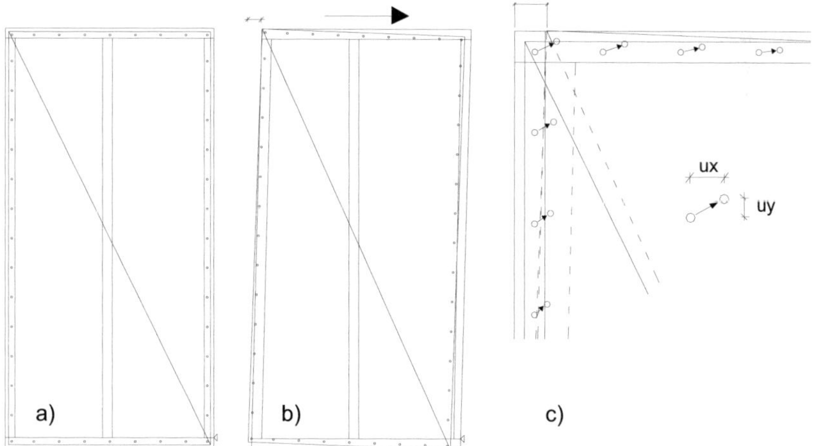

Bild 5-4   Verformung Wandscheibe und Verbindungsmittel bei horizontaler Last

Bei einer horizontalen Verschiebung der Wandscheibe verformen sich die Rippen parallelogrammartig, während die „steife" Beplankung weitgehend unverformt bleibt (Bild 5-4 a) und b)). Der Kopf des Verbindungsmittels sitzt fest in der Beplankung während sich dessen Spitze mit der Unterkonstruktion verschiebt. Die zwischen Kopf und Spitze durch Lochleibung und Fließgelenke auftretenden Verformungen sind in Bild 5-4 c) durch Pfeile dargestellt. Je nach Position des Verbindungsmittels weist jeder Verschiebungspfeil eine andere Richtung auf. Für die korrekte Abbildung der Verbindungsmittel sind die Knotenfreiheitsgrade daher erforderlich.

Bild 5-5 zeigt beispielhaft die Kalibrierung anhand von Versuchsdaten für eine einschnittige Klammerverbindung und Klammern der Länge $\ell = 64$ mm. Die Darstellung der Last-Verformungs-Kurve erfolgt mit fünf Steigungen bis zur Höchstlast. Die maximale Verschiebung der Verbindung wurde zu 15 mm angenommen, danach fällt die Last ab. Das letzte Verformungssegment muss per Definition positive Steigung aufweisen, weshalb die Verformung über 20 mm hinausgehen kann, jedoch keine nennenswerten Lasten mehr aufgenommen werden.

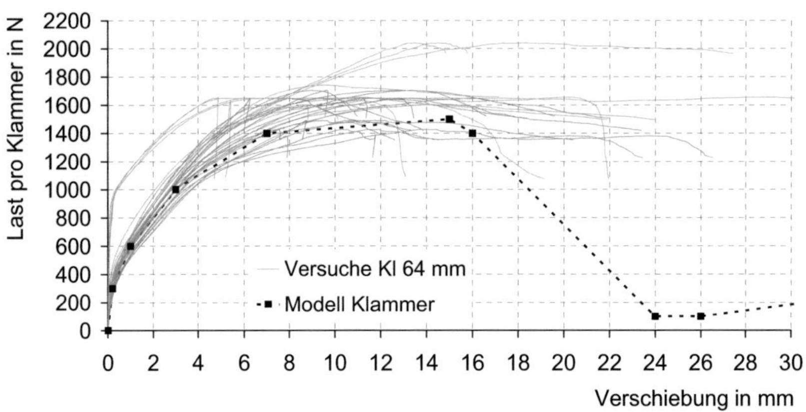

Bild 5-5   Kalibrierung der Klammern für monotone Belastung

5.2.2   Modell für zyklische Belastung

Wie beschrieben hängt das hysteretische Verhalten einer Struktur aus Holz vor allem von den einzelnen Verbindungen ab. Bei den untersuchten Bauweisen sind dies in erster Linie die Verbindungsmittel zwischen den Paneelen, in geringerem Umfang die Verbindung zum Baugrund, also die Zuganker. Für beide Verbindungen sollen Modelle verwendet werden, die das jeweilige Verhalten möglichst zutreffend abbilden, um daraus das Verhalten der Gesamtstruktur zu berechnen zu können.

Durch Reihen- und Parallelschaltung von Federn kann ein Federpaket (Bild 5-6) kombiniert werden. Der Vollständigkeit wegen seien hier die elementaren Federgesetze wiederholt, die zur Berechnung des Verhaltens des Federpaketes erforderlich sind.

Parallelschaltung   Reihenschaltung

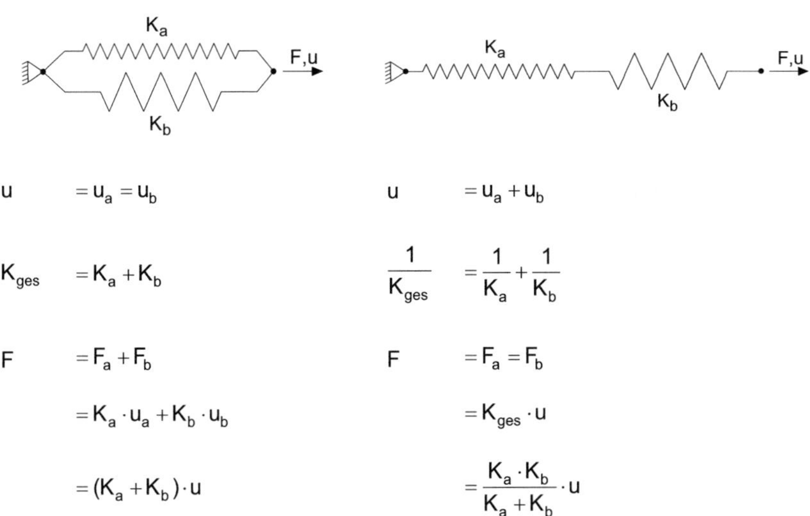

$$u \quad = u_a = u_b \qquad\qquad u \quad = u_a + u_b$$

$$K_{ges} = K_a + K_b \qquad\qquad \frac{1}{K_{ges}} = \frac{1}{K_a} + \frac{1}{K_b}$$

$$F \quad = F_a + F_b \qquad\qquad F \quad = F_a = F_b$$

$$= K_a \cdot u_a + K_b \cdot u_b \qquad\qquad = K_{ges} \cdot u$$

$$= (K_a + K_b) \cdot u \qquad\qquad = \frac{K_a \cdot K_b}{K_a + K_b} \cdot u$$

5.2.2.1 Stiftförmige Verbindungsmittel

Für die Darstellung einer einzelnen Holzverbindung, im Fall der untersuchten Wandbauweisen vornehmlich Klammer- oder Nagelverbindungen, wurde die in Bild 5-6 gezeigte Kombination von Federelementen („Federpaket") verwendet. Vorteil dieses Federpaketes ist die einfache Verfügbarkeit der vordefinierten Elemente in einem kommerziellen Finite-Elemente-Programm. Das Federpaket ist aus den in ANSYS zur Verfügung stehenden Federelementen COMBIN37 und COMBIN40 zusammengestellt. Hierbei handelt es sich um Federelemente mit Reibgliedern und Gap-Eigenschaften mit einem Freiheitsgrad (FHG) pro Knoten. Dies bedeutet, dass eine Richtungsorientierung der Verbindungsmittel wie in Bild 5-4 mit dem Federpaket nicht erreicht werden kann, sondern für jeden FHG ein einzelnes Federpaket angeordnet werden muss. Daraus resultiert die Überschätzung der Steifigkeit und der Traglast bei nicht achsenparallelen Belastungen.

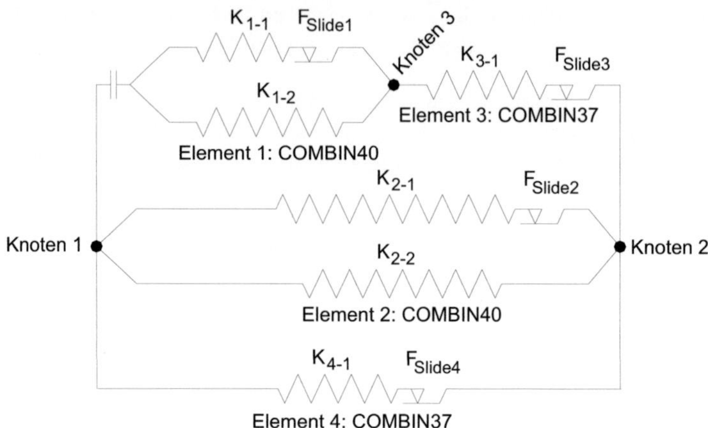

Bild 5-6   Federpaket für stiftförmige Verbindungsmittel in ANSYS

So genannte phänomenologische Modelle beschreiben die Form der Hysterese und damit die Energiedissipation auf Grundlage von Versuchen, geben allerdings keinen Einblick in das mechanische Verhalten der Verbindung. Parametrische Modelle analog dem in Bild 5-6 gezeigten Federpaket berücksichtigen die mechanischen Parameter in der Verbindung und damit die Hauptbestandteile der Energiedissipation. Dies sind a) die Reibung zwischen den miteinander verbundenen Bauteilen, b) die plastische Verformung der stiftförmigen Verbindungsmittel sowie c) das Lochleibungsverhalten des Holzes.

Die Last-Verschiebungskurve einer Holzverbindung kann als Kombination der aufgeführten Mechanismen verstanden werden. Da die Federelemente parallel geschaltet sind, kann ihr Verhalten einzeln betrachtet werden (Heiduschke (2004)).

Bild 5-7 a) zeigt die Reibungseinflüsse in der Hysteresekurve. Bei den untersuchten Verbindungen bzw. Wandbausystemen handelt es sich in erster Linie um Reibung zwischen benachbarten Bauteilen, z.B. die Reibung zwischen Koppelbrettern und Paneelen bei der Massivholz-Paneelbauweise. Da die verwendeten stiftförmigen Verbindungsmittel Klammern und Nägel sich im Verlauf eines (zyklischen) Versuchs aus dem Holz ausziehen, treten Reibungseffekte treten daher vor allem am Beginn eines Versuchs auf.

Bild 5-7 b) zeigt die bilinear-plastische Biegeverformung der Verbindungsmittel. Nach dem Erreichen einer Grenzlast, unter der die plastische Verformung beginnt, bildet sich unter wiederholter Biegebeanspruchung die gezeigte Form der bilinear-plastischen oder starr-plastischen Hysterese aus.

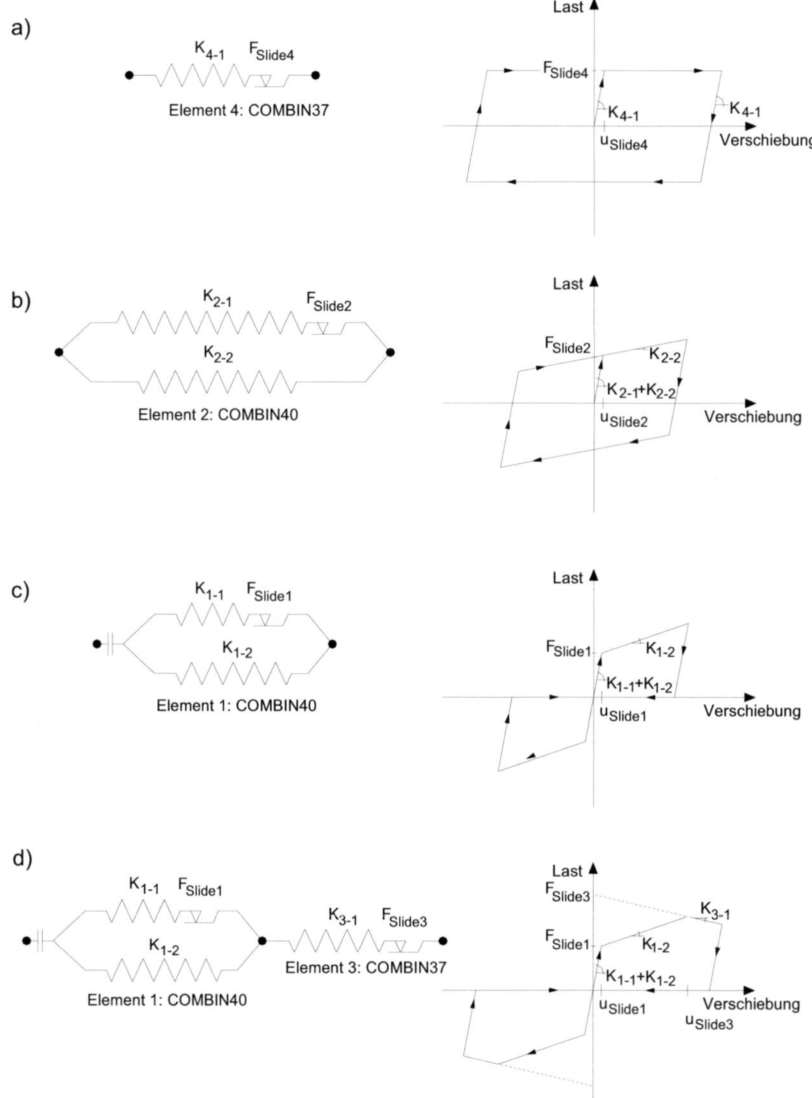

Bild 5-7 Verhalten der Einzelfedern des Federpaketes: a) Reibung, b) Biegung, c) Lochleibung, d) Lochleibung mit abfallendem Ast

Bild 5-7 c) zeigt das angenäherte Lochleibungsverhalten des Elementes. Nach dem Erreichen der Lochleibungsfestigkeit ist die Eindrückung des Verbindungsmittels durch die zweite Gerade angenähert. Bei der Belastungsumkehr besteht kein Kontakt mehr zwischen dem Verbindungsmittel und dem umgebenden Holz, es folgt der Rückgang der Last auf Null. Die Verschiebung wird nun in der anderen Richtung soweit gesteigert wird, bis wieder Kontakt hergestellt ist und die Last von neuem ansteigt. Die Lücke („Gap") vor wird bei einer Verformung des Elementes geöffnet. Bei einer erneuten Verschiebungsaufbringung muss zuerst die Lücke geschlossen werden, bevor wieder Last vom Element aufgenommen wird. Dies repräsentiert die plastischen Lochleibungsverformungen. Im Federpaket kommt für jede Verschiebungsrichtung ein Element zur Anwendung. Aus Gründen der Übersichtlichkeit ist das zweite, umgekehrt angeordnete, Element in Bild 5-6 nicht dargestellt.

Bild 5-7 d) zeigt das Verhalten des Elementes nach Überschreiten der Höchstlast. Holzverbindungen verhalten sich wie erwähnt duktil, nach dem Überschreiten der Höchstlast können oft noch weitere Verformungen auf hohem Lastniveau aufgenommen werden. Dieses Verhalten wird mit Hilfe einer weiteren, in Reihe geschalteten Feder abgebildet. Deren Steifigkeit ist bis zum Erreichen einer Maximallast F_{Slide} positiv. Die Feder ist im weiteren Verlauf so programmiert, dass der Last-Verschiebungsverlauf bei weiterer Verschiebungsaufbringung durch eine abfallende Gerade abgebildet wird.

Beim Federpaket sind insgesamt 11 Parameter zur Bestimmung der Form der Hysteresekurve notwendig. Unter Beachtung der Konvention

$$F_{Slide\,4} \leq F_{Slide\,2} \leq F_{Slide\,1} \leq F_{Slide\,3} \tag{5-1}$$

können diese wie folgt angegeben werden:

$$u_{y1} = u_{Slide4} = \frac{F_{Slide4}}{K_{4-1}} \tag{5-2}$$

$$F_{y1} = u_{y1} \cdot K_{ges} \tag{5-3}$$

$$= u_{y1} \cdot \left[\left(K_{1-1}+K_{1-2}\right)^{-1} + \left(K_{3-1}\right)^{-1}\right]^{-1} + \left(K_{2-1}+K_{2-2}\right) + K_{4-1}$$

$$u_{y2} = u_{Slide2} = \frac{F_{Slide2}}{K_{2-1}} \tag{5-4}$$

$$F_{y2} = u_{y2} \cdot K_1 \tag{5-5}$$

$$= u_{y2} \cdot \left[\left(K_{1-1}+K_{1-2}\right)^{-1} + \left(K_{3-1}\right)^{-1} \right]^{-1} + \left(K_{2-1}+K_{2-2}\right)$$

$$u_{y3} \quad = u_{Slide1} = \frac{F_{Slide1}}{K_{1-1}} \cdot \left(1 + \frac{K_{1-1}+K_{1-2}}{K_{3-1}}\right) \tag{5-6}$$

$$F_{y3} \quad = u_{y3} \cdot K_2 \tag{5-7}$$

$$= u_{y3} \cdot \left[\left(K_{1-1}+K_{1-2}\right)^{-1} + \left(K_{3-1}\right)^{-1} \right]^{-1} + \left(K_{2-2}\right)$$

$$u_{max} \quad = \frac{F_{K,Ab} - F_{K,Ein}}{K_{Ein} - K_{Ab}} \tag{5-8}$$

$$\text{mit} \quad F_{K,Ab} \quad = F_{Slide2} + F_{Slide3} + F_{Slide4} \tag{5-9}$$

$$F_{K,Ein} \quad = F_{Slide1} + F_{Slide2} \cdot \left(1 + \frac{K_{2-2}}{K_{2-1}}\right) + F_{Slide4} \tag{5-10}$$

$$K_{Ein} \quad = K_{2-2} \tag{5-11}$$

$$F_{max} \quad = K_{2-2} \cdot u_{max} + F_{K,Ein} \tag{5-12}$$

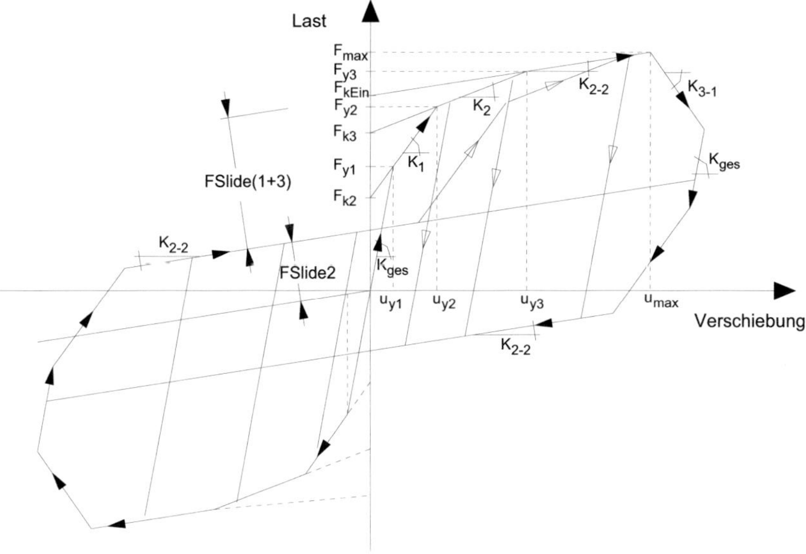

Bild 5-8   Hysteretisches Verhalten des Federpaketes nach Bild 5-6

Die in Bild 5-8 gezeigten Werte F_{ki} sind die jeweiligen Achsenabschnitte der Geraden, die als Hilfswerte für die Berechnung mit dem Kalibrierblatt benötigt werden. Diese Kombination aus parallel und in Reihe geschalteten Federn erlaubt die Abbildung von im Holzbau üblichen eingeschnürten Hystereseformen. Die komplette Hysteresekurve mit den zugehörigen Kalibrierparametern zeigt Bild 5-8. Die in (5-2) bis (5-12) angegebenen Parameter können leicht visualisiert werden, so dass die Form der Hysteresekurve mittels eines Kalibrierblattes (Bild 5-9) leicht an Versuchsdaten angepasst werden kann. Kriterium für die Anpassung ist die Übereinstimmung der kumulierten Energiedissipation.

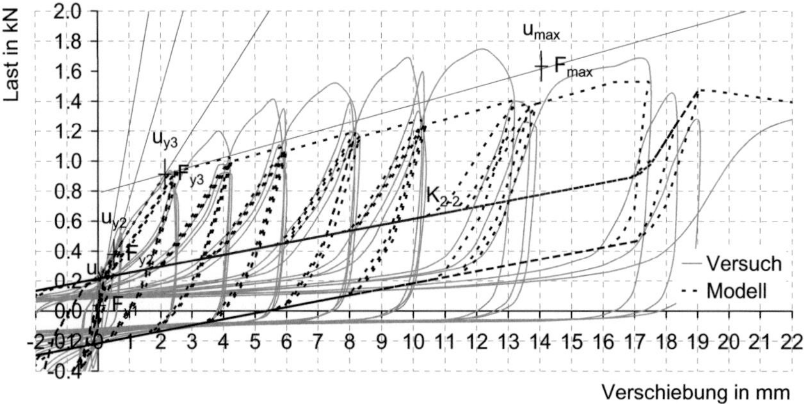

Bild 5-9   Kalibrierblatt für die Federelemente

Bild 5-10 a) zeigt die Überlagerung eines Verbindungsmittelversuches nach Abschnitt 4.2.2 mit der numerischen Simulation. Obwohl die numerische Simulation im Bereich der ersten Fließverschiebung unter den Versuchswerten, im Bereich der zweiten Fließverschiebung jedoch über den Versuchswerten liegt, stimmt die kumulierte Energiedissipation gut überein (Bild 5-10 b)).

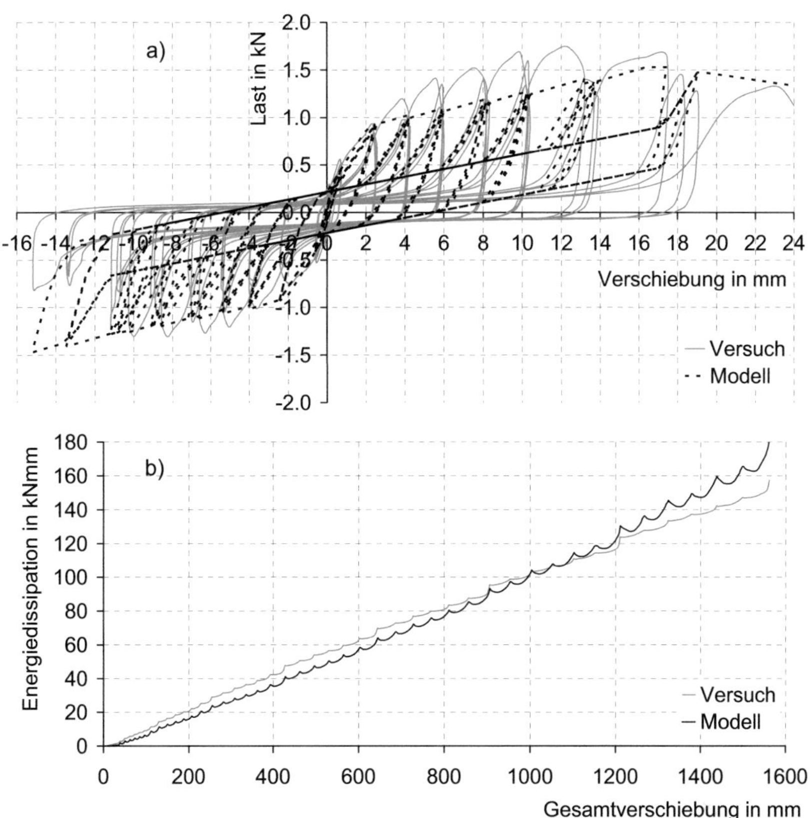

Bild 5-10   a) Versuch und numerische Simulation mit Federelement nach Bild 5-6,
              b) Vergleich der kumulierten Energiedissipation

Bild 5-11 zeigt auch im Vergleich der einzelnen Zyklen gute Übereinstimmung zwischen Versuch und Simulation. Bei kleinen Zyklen verhält sich das Modell linearelastisch, während im Versuch bereits plastische Verformung stattfindet. Die Abweichung der Energiedissipation über die einzelnen Schleifendurchläufe ist daher bei kleinen Zyklen recht hoch, deren Beitrag zur Gesamtenergiedissipation einer Verbindung jedoch vernachlässigbar. Die Abweichung beträgt bei den Zyklen höherer Verschiebungsstufen meist nur wenige Prozent (Bild 5-12, Bild 5-13).

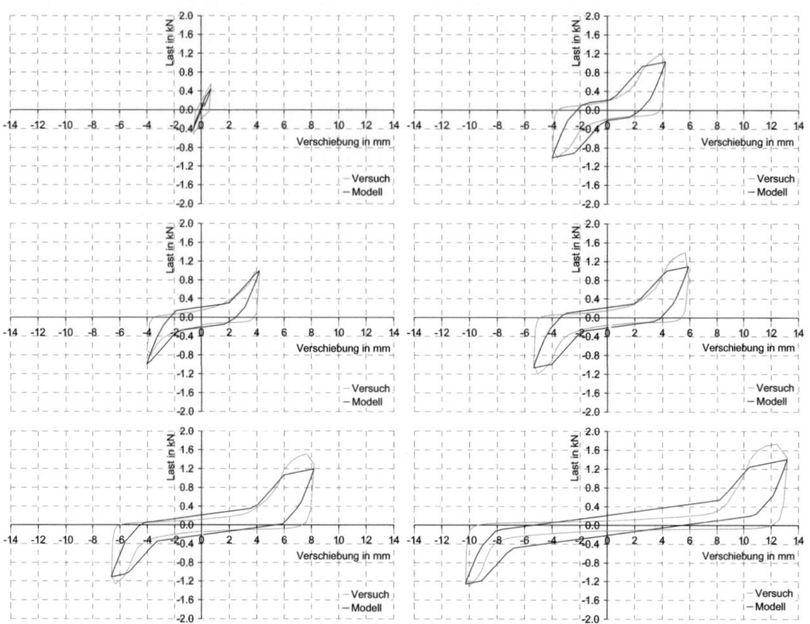

Bild 5-11   Überlagerung ausgewählter Zyklen

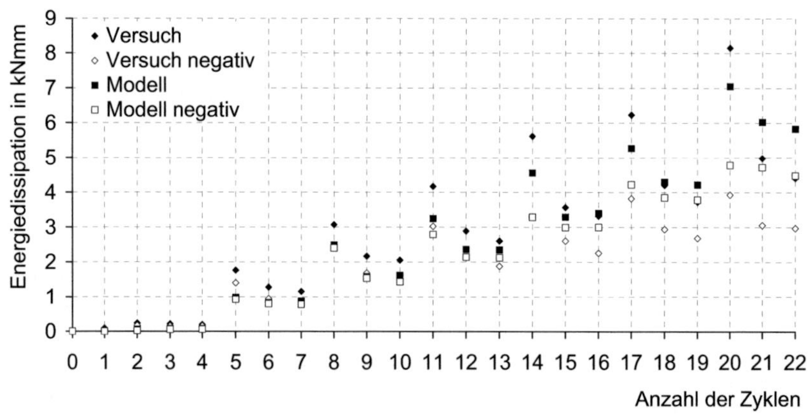

Bild 5-12   Vergleich der Energiedissipation über die Zyklen

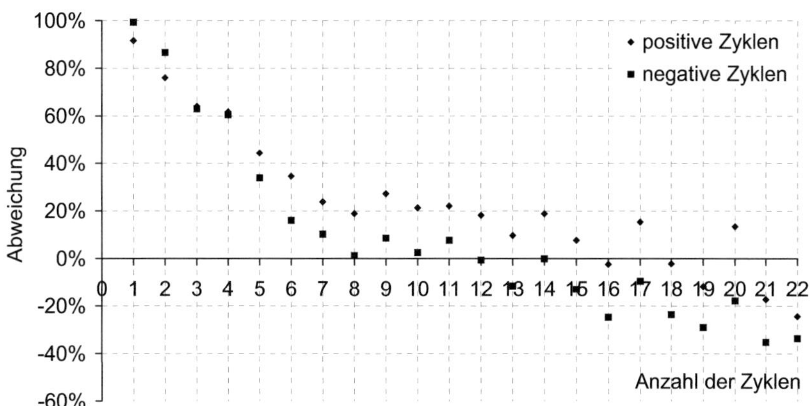

Bild 5-13   Vergleich der prozentualen Abweichung bei Verbindungsmitteln

5.2.2.2   Zuganker

Für die Darstellung der Zuganker wird ebenfalls das Federpaket nach Bild 5-6 verwendet. Die Form der Hysteresekurve bei Versuchen mit Zugankern und Versuchen mit Verbindungsmitteln zeigt keine wesentlichen Unterschiede, weshalb die Verwendung des gleichen hysteretischen Modells naheliegt.

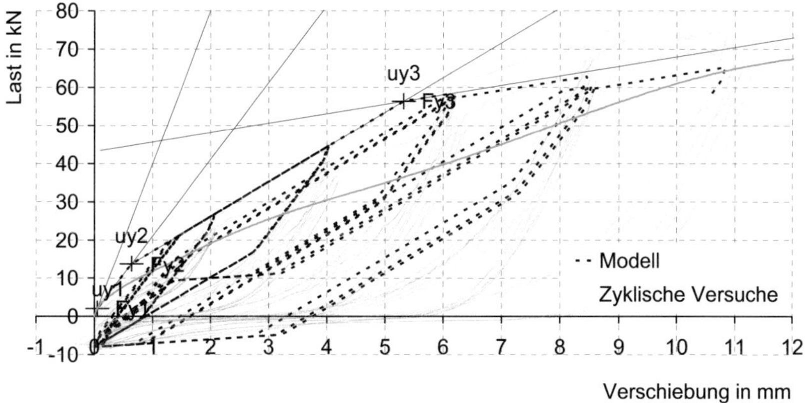

Bild 5-14   Kalibrierblatt für Zuganker

Das Federmodell kann wiederum mit Hilfe eines Kalibrierblattes einfach an die Eigenschaften der Zuganker angeglichen werden. Ein zyklischer Versuch ist in Bild 5-14 mit den Ergebnissen des Federpakets nach Bild 5-6 überlagert. Der Übersichtlichkeit wegen wurde in Bild 5-14 auf die Darstellung des abfallenden Astes verzichtet. Vereinfachend wird das Modell für die Zuganker sowohl bei der Modellierung von Wandscheiben unter monotonen als auch unter zyklischen Lasten eingesetzt.

5.3　Modellierung von Wandscheiben in Massivholz-Paneelbauweise

Alle FE-Modelle der Wandscheiben werden als räumliche (3D-) Modelle erstellt. Die vergleichsweise aufwändige Modellierung berücksichtigt Einflüsse aus Exzentrizitäten, die sich aus dem unsymmetrischen Aufbau der Wandscheiben (Stoßbretter, Beplankung bzw. unterschiedliche Steifigkeiten der Beplankung) und damit der unsymmetrischen Lage der Verbindungsmittel ergeben. Die Geometriedaten für alle Modelle können parametrisiert in die Eingabedateien eingegeben werden, hierdurch lässt sich die Länge der Wand, die Auflast, Anzahl und Kalibrierung der Verbindungsmittel etc. leicht anpassen.

Bild 5-15 zeigt einen Querschnitt der Massivholz-Paneelbauweise. Die miteinander verklebten Bretter werden für die Modellierung als „Starr" angenommen, der aufgelöste Querschnitt aufgrund der dominierenden Eigenschaften der Holzverbindungen (Abschnitt 3.1.2) und der Beobachtungen bei den Versuchen (Abschnitt 4.2.2) nicht gesondert modelliert. Der aufgelöste Querschnitt wurde für die Modellierung in einen Quader gleicher Querschnittsfläche überführt. Ein Wandelement mit den Außenabmessungen von 625 mm x 90 mm wird als monolithischer Quader mit einer Dicke von 69 mm dargestellt, somit ergibt sich die gleiche Querschnittsfläche für Versuchskörper und Modell bei der Breite 625 mm.

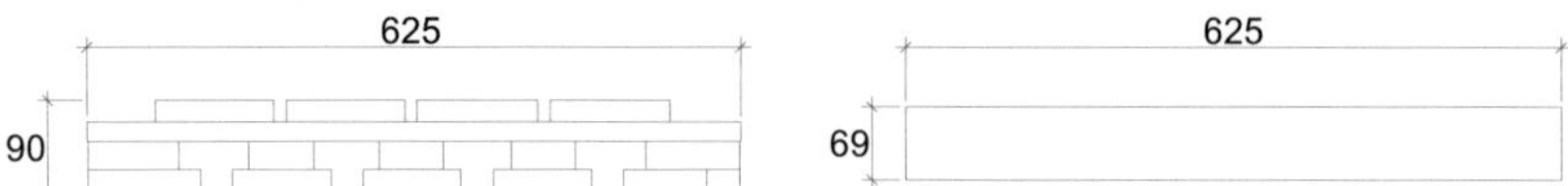

Bild 5-15　　Überführung des Querschnitts für FE-Modell

Die bei der Modellierung verwendeten Materialeigenschaften von Schwelle, Wandelementen und Rähm entsprechen denen von Nadelholz C24 nach DIN 1052:2008-1. Entsprechend der Anordnung der Bauteile werden die E-Moduln der Faserrichtung der Hölzer angepasst. Die Koppelbretter bestehen aus Sperrholz BFU 100, die mechanischen Eigenschaften entsprechen Sperrholz der Klasse F40/30 E60/40 und sind ebenfalls DIN 1052:2008-1 entnommen (Tabelle 5-1).

Für die Modellierung der Volumenkörper wurden quaderförmige 8-Knoten-Elemente des Typs SOLID185 verwendet. Dieser Elementtyp kann für orthotrope Materialeigenschaften verwendet werden. Es werden keine Ansatzfunktionen höherer

Ordnung verwendet, da in den Bauteilen weder große Verzerrungen erwartet werden, noch die exakten Spannungsverläufe für die untersuchten Fragestellungen relevant sind. Die Netzfeinheit wird in erster Linie vom Abstand der Verbindungsmittel und der Lage der Zuganker bestimmt.

Tabelle 5-1 Steifigkeitskennwerte nach DIN 1052:2008-1

Nadelholz C24		
	Parallel zur Faserrichtung	Rechtwinklig zur Faserrichtung
Elastizitätsmodul E_{mean}	11000	370
Schubmodul G_{mean}	690	
Baufurniersperrholz (BFU 100)		
	Parallel zur Faserrichtung der Deckfurniere	Rechtwinklig zur Faserrichtung der Deckfurniere
Elastizitätsmodul E_{mean}	4400	4700
Schubmodul G_{mean}	600	

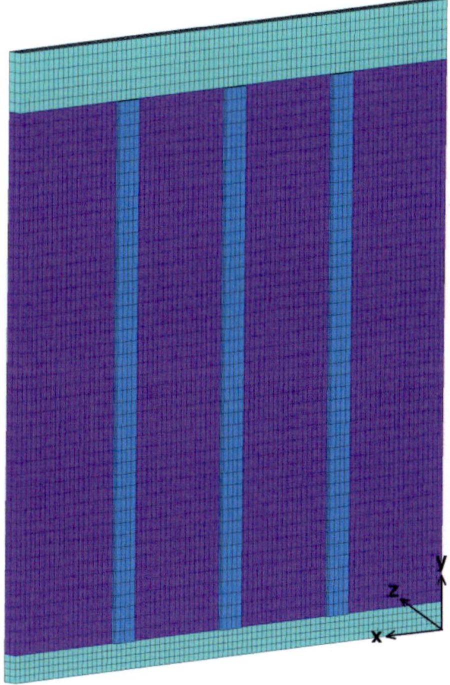

Bild 5-16   FE-Modell der Wand mit globalem Koordinatensystem

Zu verbindende Teile der Wandscheibe müssen an den jeweiligen Positionen der Verbindungsmittel koinzidente Knoten aufweisen. An jeder Stelle, an der im Versuch ein Verbindungsmittel eingebracht ist, werden im FE-Modell entweder eine COMBIN39-Feder für die Berechnung der Versuche unter monotonen Lasten oder je ein Federpaket nach Abschnitt 5.2.2 für die x- und die y-Richtung eingebaut. In Dickenrichtung (z-Koordinate) wird bei Einbau des Federpaketes ein steifes Federelement eingebracht, das die Ablösung des Koppelbrettes verhindert.

Bei gleichbleibender Elementlänge von 50 mm an Koppelbrett und Rähm wird an jedem Knoten in vertikaler Richtung ein Verbindungsmittel angeordnet. Bei kleinerem Abstand der Verbindungsmittel müssen die Traglasten und die Steifigkeiten linear hochgerechnet werden und der entsprechenden Feder bzw. dem entsprechenden Federpaket zugewiesen werden. Bei größerem Abstand der Verbindungsmittel kann z.B. nur jeder zweite Knoten verbunden werden.

Das Abheben der Wand wird durch Zuganker verhindert, wobei für monotone als auch für zyklische Belastung das vereinfachte Federpaket nach Abschnitt 5.2.2.2 verwendet wird. Dieses kann die reine Zugbelastung bei monotonen Versuchen ebenso abbilden wie die Hysteresekurve unter zyklischer Belastung. Das Federpaket wird anhand der Versuche in Abschnitt 4.2.3 kalibriert. Bild 5-17 zeigt schematisch die Position der Zuganker, wobei gestrichelte Linien andeuten, dass sich die Feder auf der Rückseite der Wand befindet. Da einseitig angebrachte Federn aufgrund der resultierenden Exzentrizität teilweise zu Konvergenzproblemen führten, wurden im Modell beidseitig Federn angebracht. Die Werte aus der Kalibrierung werden dann halbiert.

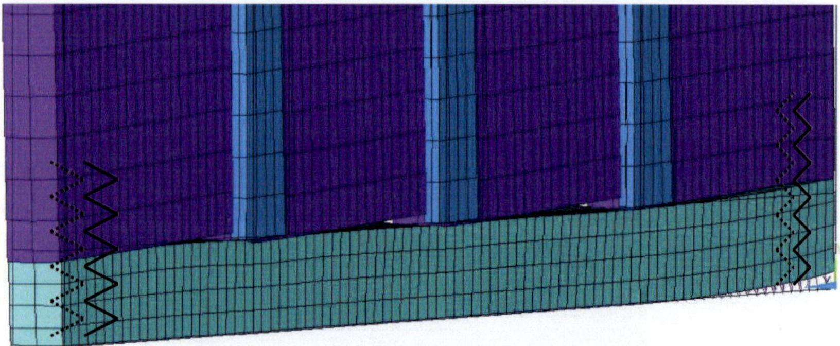

Bild 5-17   Verformung im Schwellenbereich. Rechts (Zug): Abheben Schwelle, Links (Druck) Querdruckverformung; Federn deuten Zuganker an

An der Unterseite der Schwelle sind Federn angeordnet, die das Eindringen in den Boden verhindern, die Ablösung vom Boden jedoch zulassen. Um die Verschiebung der Schwelle in Längsrichtung zu unterbinden, wurden beim Versuch Gegenhaltewinkel verwendet. So wird auch die Schwelle im Modell in Belastungsrichtung gehalten. Die vergleichsweise aufwändige Modellierung des unteren Bereichs der Wand ist zur exakten Wiedergabe der Verformung der Wand (Abheben, Querdruck Schwelle, Lasten auf Zuganker) nötig.

Um gegenseitiges Durchdringen der Oberflächen zu verhindern, wurden an den horizontalen Fugen zwischen Schwelle und Paneelen bzw. zwischen Paneelen und Rähm Kontaktelemente angeordnet. Hierbei wurden „Surface-to-Surface"-Elemente des Typs TARGE170 und CONTA173 angeordnet. Zwischen dem Koppelbrett und den Paneelen werden keine Reibungskräfte berücksichtigt, da diese durch die Versuche und die Kalibrierung der Verbindungsmittel bereits enthalten sind. Als Reibungskoeffizient wird $\mu = 0,3$ angenommen. Die Variation von μ zeigte, dass der Einfluss auf das Gesamtverhalten der Wand vernachlässigbar ist. Tabelle 5-2 zeigt alle durchgeführten Modellierungen.

Tabelle 5-2 Übersicht über durchgeführte Modellierungen

Beschreibung	Monoton, nichtlineare Feder ohne Auflast	Monoton, nichtlineare Feder Auflast 10 kN/m	Zyklisch Federpaket, ohne Auflast	Zyklisch Federpaket, Auflast 10 kN/m
Fux4S 4 Paneele VM Nägel		X		X
Fux4S 4 Paneele VM Klammern	X	X	X	X
Fux6S 2 Paneele	X		X	
Fux6S 3 Paneele		X		X
Fux6S 4 Paneele		X		X
Fux6S 5 Paneele		X		X
Fux6S 4 Paneele Klammern 90mm		X		X
Insgesamt 16 Modelle				

Die Grundlagen dieser Modellierung wurden in einer am Lehrstuhl für Holzbau und Baukonstruktionen angefertigten Diplomarbeit (Höhl (2010)) geschaffen.

5.3.1 Modellierung unter monotonen Lasten

Ziel ist die Berechnung der Last-Verschiebungskurve, um das Verhalten der Wände unter monotonen Lasten wiedergeben zu können. Die Kalibrierwerte für das nichtlineare Federelement COMBIN39 nach Abschnitt 5.2.1 sind in Tabelle 5-3 aufgelistet. Für die Zuganker wird generell das Modell nach Abschnitt 5.2.2.2 verwendet, die entsprechenden Kalibrierwerte enthält Tabelle 5-4. Die Modellierung der monotonen Versuche und deren jeweilige Versuchsgrundlage, die verwendeten Verbindungsmittel bzw. Zuganker sowie deren Kalibrierung ist in Tabelle 5-5 zusammengefasst.

Tabelle 5-3 Kalibrierung Verbindungsmittel für monotone Wandscheibenversuche

Kalibrierung a) Klammer 64 mm einschnittig		Kalibrierung b) Nagel 65 mm einschnittig		Kalibrierung c) Klammer 64 mm zweischnittig		Kalibrierung d) Klammer 90 mm vierschnittig	
u in mm	F in N	u in mm	F in N	u in mm	F in N	u in mm	F in N
0	0	0	0	0	0	0	0
0.2	300	0.2	250	0.2	400	0.2	400
1	600	1	500	1	700	1	1500
3	1000	3	800	3	1100	3	2200
7	1400	7	1200	7	1500	6	3000
15	1500	15	1600	15	1700	7	3000
16	1400	16	1550	16	1600	8	2700
24	100	24	100	24	100	12	400
26	100	26	100	26	100	13	400
40	400	40	400	40	400	40	700

Tabelle 5-4 Kalibrierwerte Zuganker für Wandscheibenversuche

	Typ A	Typ B	Typ C
K_1_1_HD	5.0	20.0	12.0
Fslide_1_HD	28.0	40.0	38.0
K_1_2_HD	1.0	1.0	1.6
Gap_1_HD	0.001	0.001	0.001
K_2_1_HD	2.0	11.0	11.0
Fslide_2_HD	3.0	3.0	7.0
K_2_2_HD	1.0	1.0	1.0
Gap_2_HD	0.0	0.0	0.0
K_3_1_HD	12.0	20.0	20.0
Fslide_3_HD	90.0	110.0	84.0
K_ab_HD	-4.0	-6.0	-3.0
K_4_1_HD	10.0	20.0	20.0
Fslide_4_HD	2.0	1.0	1.0
Zusatz HD = Hold Down (Zuganker)			

Die weitgehende Übereinstimmung der Last-Verschiebungskurven monotoner Versuche mit der Einhüllenden aus zyklischen Versuchen ist in Abschnitt 3.1.2 und 4.2.2.3 (Bild 4-10) erläutert. Da monotone Versuche teilweise nur in geringem Umfang vorhanden sind, werden in einigen Fällen die Einhüllenden entsprechender zyklischer Versuche zusätzlich zur Gegenüberstellung verwendet.

Tabelle 5-5 Eingangswerte bei der Modellierung der monotonen Versuche

Modell Nr.	Modell in Abschnitt	Zu Grunde liegende Versuche (Tabelle 4-7, Tabelle 4-9, Tabelle 4-10)		Kalibrierung der Verbindungsmittel (Tabelle 5-3) Anzahl nach Bild 4-17 bzw. Bild 4-21	Element und Zuganker (Bild 4-12 bzw.Tabelle 5-4)
		Nr.	Bezeichnung		
1	5.3.1.1	2	LIG_PO_0_1	SR 4,0 x 50 Kalibrierung a) $a_1 = 100$ mm 12 VM an S+R	Fux4S 1 x Typ A
		23	LIG_ZYK_0_3	KL 1,53 x 55 Kalibrierung a) $a_1 = 40$ mm 20 VM an S+R	Fux4S 2 x Typ A
		24	LIG_ZYK_0_4	KL 1,53 x 55 Kalibrierung a) $a_1 = 50$ mm 20 VM an S+R	
2	5.3.1.2	4	LIG_PO_10_2	KL 1,83 x 63,5 Kalibrierung b) $a_1 = 50$ mm 16 VM an S+R	Fux4S 1 x Typ B
		13	LIG_ZYK_10_6		Fux4S 2 x Typ B
		15	LIG_ZYK_10_8		
		16	LIG_ZYK_10_12		
3	5.3.1.3	6	LIG_PO_10_3	RiNa 2,8 x 65 Kalibrierung b) $a_1 = 50$ mm 16 VM an S+R	Fux4S 2 x Typ B
		17	LIG_ZYK_10_9		
		18	LIG_ZYK_10_10		
		19	LIG_ZYK_10_11		
4	5.3.1.4	38	L_N_Z_8	KL 1,83 x 63,5 Kalibrierung c) $a_1 = 50$ mm 36 VM an S+R	Fux6S 2 x Typ C
		39	L_N_Z_9		
5	5.3.1.5	40	L_N_Z_10	KL 1,83 x 63,5 Kalibrierung c) $a_1 = 50$ mm 36 VM an S+R	Fux6S 2 x Typ C
		41	L_N_Z_11		
6	5.3.1.6	26	L_N_M_1	KL 1,83 x 63,5 Kalibrierung b) $a_1 = 50$ mm 36 VM an S+R	Fux6S 2 x Typ C
		27	L_N_M_2		
		28	L_N_M_3		
		29	L_N_M_4		
7	5.3.1.7	36	L_N_Z_6	KL 1,83 x 63,5 Kalibrierung c) $a_1 = 50$ mm 36 VM an S+R	Fux6S 2 x Typ C
		37	L_N_Z_7		
8	5.3.1.8	30	L_N_M_5	Kl 2,0 x 90 mm Kalibrierung d) $a_1 = 50$ mm 95 VM an S+R	Fux6S 2 x Typ C
		35	L_N_Z_5		
S+R = Schwelle und Rähm					

5.3.1.1   Fux4S, VM Klammern, ohne Auflast

Für die Konfiguration ohne Auflast ist nur ein monotoner Versuch vorhanden. Bei diesem Versuch (L_PO_0_1) wurden Schrauben als Verbindungsmittel sowie ein Zuganker des Typs A verwendet.

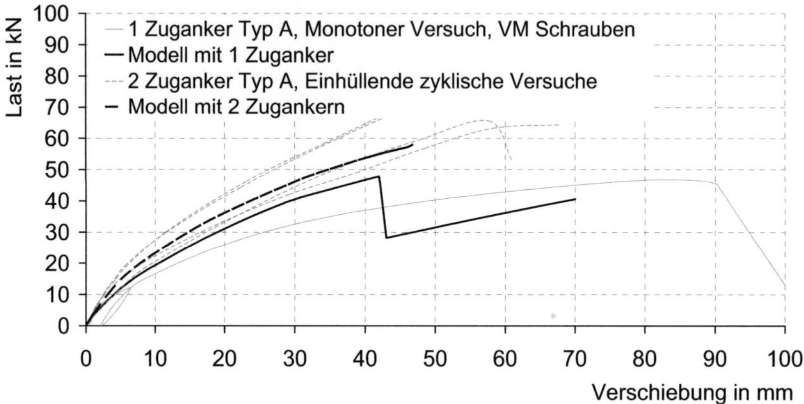

Bild 5-18   Konfiguration Fux4S mit Klammern, ohne Auflast

Das Modell mit der Kalibrierung für die Verbindungsmittel Klammern berechnet höhere Steifigkeit (Bild 5-18) und somit höhere Traglast für diese Konfiguration als im Versuch. Bei der Versuchiebung u = 42 mm ist Lastabfall infolge des Versagens der Zuganker zu erkennen. Da das Federpaket für die Zuganker auch nach dem Versagen aller Reibdämpfer eine durchgehende Feder besitzt, steigt die Last jedoch wieder an. Wegen der unterschiedlichen Verbindungsmittel hat dieser Vergleich nur geringe Aussagekraft, diese Konfiguration wurde daher nicht weiter untersucht. Bild 5-18 zeigt weiterhin den Vergleich der Einhüllenden der Versuche LIG_ZYK_0_3 und _4 (Konfiguration Klammern und 2 Zuganker des Typs A) mit den Ergebnissen des Modells. Beim Vergleich mit dem Modell in der Konfiguration mit 2 Zugankern ist gute Übereinstimmung mit den Einhüllenden der Hysterese zu erkennen.

5.3.1.2   Fux4S, VM Klammern, Auflast 10 kN/m

Beim monotonen Versuch LIG_PO_10_2, der in erster Linie zur Bestimmung der Verschiebungsstufen des zyklischen Lastprotokolls durchgeführt wurde, kam analog zum Versuch ohne Auflast (Abschnitt 5.3.1.1) nur ein Zuganker zur Anwendung. In dieser Konfiguration wird die Steifigkeit der Wandscheibe vom Modell wiederum zu hoch berechnet. Da lediglich ein monotoner Versuch mit einem Zuganker vorhanden ist, wird dieser Sachverhalt auch hier nicht näher untersucht.

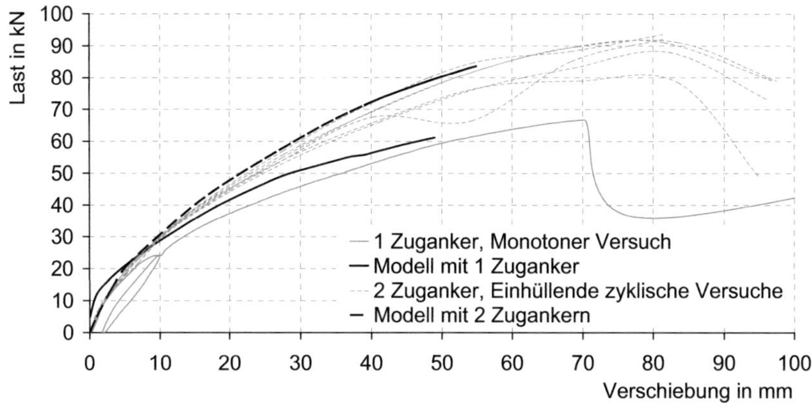

Bild 5-19   Konfiguration Fux4S mit Klammern, Auflast 10 kN/m

Bild 5-19 zeigt erneut gute Übereinstimmung der Einhüllenden aus den zyklischen Versuchen mit den Ergebnissen des Modells für die Konfiguration mit 2 Zugankern. Wiederum werden mit dem Modell die Einhüllenden zutreffend berechnet.

5.3.1.3   Fux4S, VM Nägel, Auflast 10 kN/m

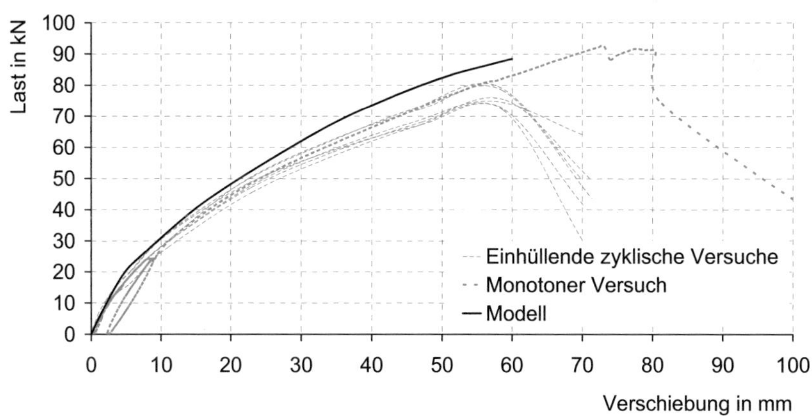

Bild 5-20   Konfiguration Fux4S mit Nägeln, Auflast 10 kN/m

Die gute Übereinstimmung von Berechnung mit den Versuchsergebnissen zeigt Bild 5-20. Nägel versagen unter zyklischen Lasten früh durch Ermüdung. Da die Federn für die Verbindungsmittel an monotonen Versuchen kalibriert ist, kann das Modell größere Verschiebungen abbilden, als die Einhüllenden der zyklischen Versuche erwarten lassen.

5.3.1.4 Fux6S 2 Paneele, VM Klammern, ohne Auflast

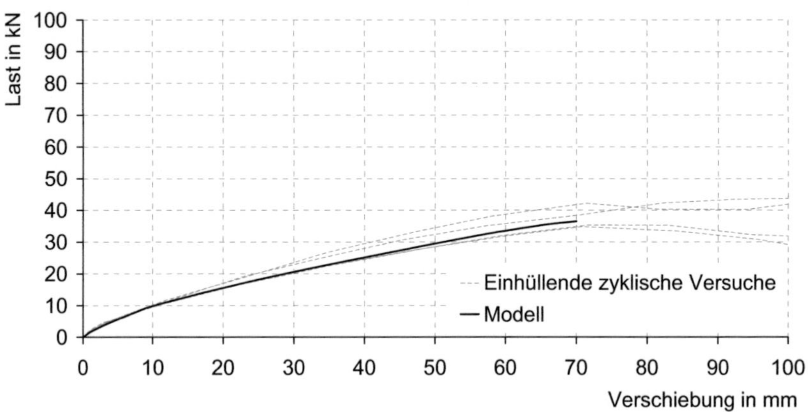

Bild 5-21 Konfiguration Fux6S 2 Paneele mit Klammern, ohne Auflast

Aufgrund der geringen Wandlänge bei der Verwendung von zwei Paneelen wurde dieser Versuch ohne zusätzliche Auflast durchgeführt. Bild 5-21 zeigt, dass das Modell die Steifigkeit und die Höchstlast auch ohne Auflast und bei kurzen Wandscheiben zutreffend berechnet.

5.3.1.5 Fux6S 3 Paneele, VM Klammern, Auflast 10 kN/m

Der Versuch mit 3 Paneelen wurde wiederum mit Auflast durchgeführt. Es ist zu erkennen, dass die Steifigkeit und die Traglast geringfügig zu hoch berechnet werden (Bild 5-22). Speziell bei den Verschiebungen bis ca. 8 mm ist hierbei eine deutlich höhere Steifigkeit zu sehen, der Verlauf der Kurve ab ca. 8 mm ist dem der Versuche sehr ähnlich.

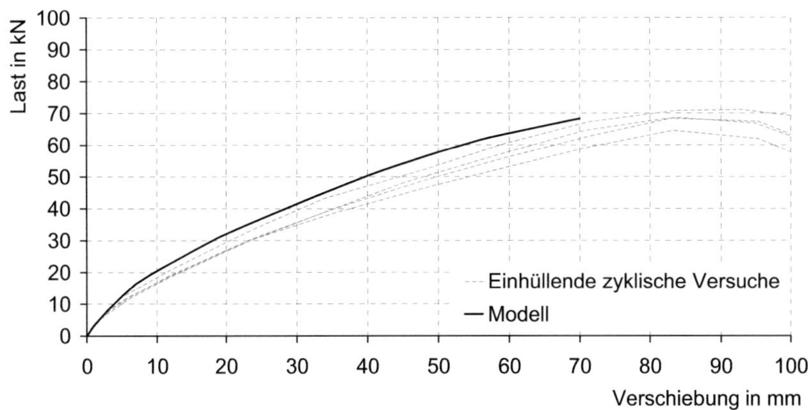

Bild 5-22   Konfiguration Fux6S 3 Paneele mit Klammern, Auflast 10 kN/m

5.3.1.6   Fux6S 4 Paneele, VM Klammern, Auflast 10 kN/m

Bei der Konfiguration Fux6S mit 4 Paneelen und Auflast 10 kN/m können die Berechnungsergebnisse auch mit den Ergebnissen monotoner Versuche verglichen werden. Es ist zu erkennen, dass die Steifigkeit und damit die Traglast bei der Verschiebung u = 70 mm (Bild 5-23) zu gering berechnet werden, der Verlauf der Kurve jedoch über den Versuch betrachtet gut wiedergegeben wird.

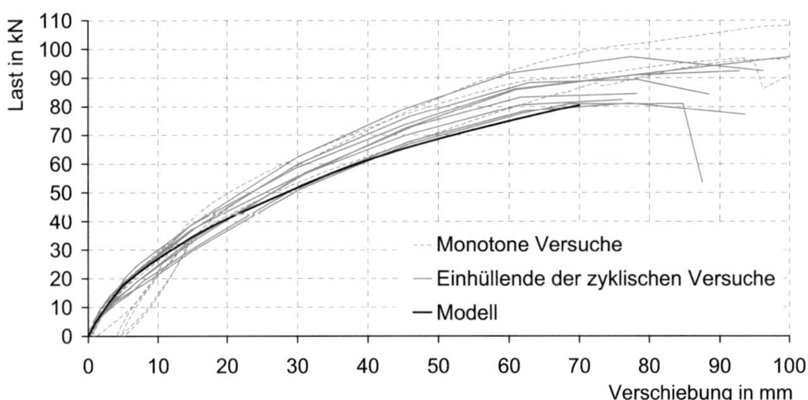

Bild 5-23   Konfiguration Fux6S 4 Paneele mit Klammern, Auflast 10 kN/m

5.3.1.7 Fux6S 5 Paneele, VM Klammern, Auflast 10 kN/m

In der Konfiguration mit der längsten Wand in der Versuchsreihe (Bild 5-24) ist zu erkennen, dass die Steifigkeit gut wiedergegeben wird. Die resultierende Höchstlast wird vom Modell hingegen leicht höher berechnet als in den Versuchen gemessen.

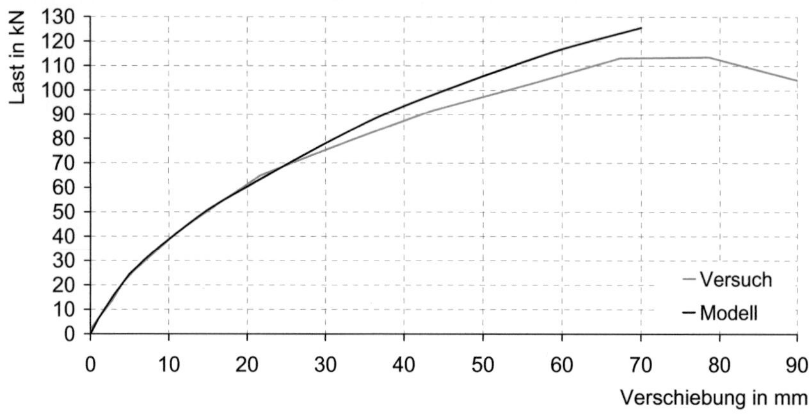

Bild 5-24   Konfiguration Fux6S 5 Paneele mit Klammern, Auflast 10 kN/m

5.3.1.8 Fux6S 4 Paneele, VM Klammern 90 mm, Auflast 10 kN/m

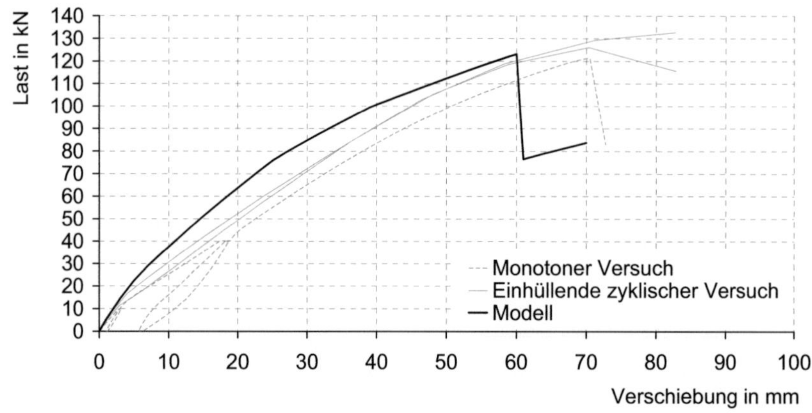

Bild 5-25   Konfiguration Fux6S 4 Paneele mit Klammern 90 mm, Auflast 10 kN/m

Bei der gewählten Konfiguration Fux6S mit 4 Paneelen sind die Klammern für die Verbindung der Stoßbretter mit den Paneelen 90 mm lang, bei der Verbindung der

Paneele mit Schwelle bzw. Rähm kommen weiterhin Klammern der Länge 63 mm zum Einsatz. Dadurch ergeben sich für das Modell zwei unterschiedliche Kalibriersätze für die Verbindungsmittel. Bild 5-25 zeigt auch für diesen Fall die gute Übereinstimmung von Modell und Versuchsdaten.

5.3.2 Modellierung unter zyklischen Lasten

Eine Übersicht der numerischen Untersuchung von Wandscheiben unter zyklischen Lasten enthält Tabelle 5-6.

Tabelle 5-6 Eingangswerte bei der Modellierung der zyklischen Versuche

Modell Nr.	Modell in Abschnitt	Zu Grunde liegende Versuche (Tabelle 4-9, Tabelle 4-10)		Kalibrierung der Verbindungsmittel (Tabelle 5-7) Anzahl nach Bild 4-17 bzw. Bild 4-21	Element und Zuganker (Bild 4-12 bzw. Tabelle 5-4)
		Nr.	Bezeichnung		
9	5.3.2.1	20	LIG_ZYK_0_1	SR 4,0 x 50 Kalibrierung a) $a_1 = 100$ mm 20 VM an S+R	Fux4S 2 x Typ A
10	5.3.2.2	13	LIG_ZYK_10_6	KL 1,83 x 63,5 Kalibrierung a) $a_1 = 50$ mm 20 VM an S+R	Fux4S 2 x Typ B
		15	LIG_ZYK_10_8		
		16	LIG_ZYK_10_12		
11	5.3.2.3	17	LIG_ZYK_10_9	RiNa 2,8 x 65 Kalibrierung b) $a_1 = 50$ mm 20 VM an S+R	Fux4S 2 x Typ B
		18	LIG_ZYK_10_10		
		19	LIG_ZYK_10_11		
12	5.3.2.4	38	L_N_Z_8	KL 1,83 x 63,5 Kalibrierung c) $a_1 = 50$ mm 36 VM an S+R	Fux6S 2 Paneele 2 x Typ C
		39	L_N_Z_9		
13	5.3.2.5	40	L_N_Z_10	KL 1,83 x 63,5 Kalibrierung c) $a_1 = 50$ mm 36 VM an S+R	Fux6S 3 Paneele 2 x Typ C
		41	L_N_Z_11		
14	5.3.2.6	26	L_N_Z_1	KL 1,83 x 63,5 Kalibrierung c) $a_1 = 50$ mm 36 VM an S+R	Fux6S 4 Paneele 2 x Typ C
		27	L_N_Z_2		
		28	L_N_Z_3		
		29	L_N_Z_4		
15	5.3.2.7	36	L_N_Z_6	KL 1,83 x 63,5 Kalibrierung c) $a_1 = 50$ mm 36 VM an S+R	Fux6S 5 Paneele 2 x Typ C
		37	L_N_Z_7		
16	5.3.2.8	30	L_N_M_5	Kl 2,0 x 90 mm Kalibrierung d) $a_1 = 50$ mm 95 VM an S+R	Fux6S 90er Klammern 2 x Typ C
		35	L_N_Z_5		
S+R = Schwelle und Rähm					

Eine Übersicht über die Modellierung der zyklischen Versuche und deren jeweilige Versuchsgrundlage, die verwendeten Verbindungsmittel bzw. Zuganker sowie deren Kalibrierung ist in Tabelle 5-6 gezeigt. Alle Modelle wurden mit dem Federpaket nach Abschnitt 5.2.2 erstellt, die jeweiligen Kalibrierwerte sind in Tabelle 5-7 aufgeführt. Für die Zuganker wurde ebenso das Federpaket verwendet, die Kalibrierwerte sind in Tabelle 5-7 aufgelistet.

Wesentliches Ziel bei der Modellierung der Wandscheiben unter zyklischen Lasten ist die Übereinstimmung der kumulierten Energiedissipation sowie die möglichst exakte Wiedergabe der Einhüllenden der Last-Verschiebungskurve.

Bei Verwendung des Federpakets nach Abschnitt 5.2.2 ergibt sich gute Übereinstimmung der Berechnungsergebnisse des Modells mit den Versuchsergebnissen für die Wandscheiben. Damit ist auf Grundlage der numerisch ermittelten Hysteresekurven die Modellierung von Rahmenstrukturen bzw. ganzer Gebäude, wie in Abschnitt 6 gezeigt, möglich. Die Übereinstimmung der kumulierten Energiedissipation als Hauptkriterium für die erfolgreiche Berechnung ist meist so gut, dass die numerisch ermittelten Kurven als alleinige Grundlage dienen können.

Tabelle 5-7 Kalibrierung Verbindungsmittel für zyklische Wandscheibenversuche

	Kalibrierung a) Klammer 64 mm einschnittig	Kalibrierung b) Nagel 65 mm einschnittig	Kalibrierung c) Klammer 64 mm zweischnittig	Kalibrierung d) Klammer 90 mm vierschnittig
K_1_1	1.000	1.000	0.500	0.340
Fslide_1	0.600	0.330	0.460	0.820
K_1_2	0.020	0.020	0.030	0.020
Gap_1	0.001	0.001	0.001	0.001
K_2_1	0.400	0.400	0.800	1.000
Fslide_2	0.200	0.160	0.200	0.440
K_2_2	0.040	0.060	0.040	0.040
Gap_2	0.000	0.000	0.000	0.000
K_3_1	0.400	0.400	0.500	0.340
Fslide_3	1.840	1.060	1.600	1.700
K_ab	-0.070	-0.080	-0.080	-0.080
K_4_1	0.500	0.500	1.000	1.000
Fslide_4	0.015	0.015	0.020	0.140

5.3.2.1   Fux4S, VM Klammern, ohne Auflast

Mit dem Element Fux4S und der Konfiguration ohne Auflast steht lediglich ein Vergleichsversuch zur Verfügung. Hierbei wurden als Verbindungsmittel Schrauben verwendet (analog zum monotonen Versuch in Abschnitt 5.3.1.1), für die jedoch keine Verbindungsmittelversuche durchgeführt wurden.

Das Modell mit der Kalibrierung für die Verbindungsmittel Klammern berechnet eine etwas höhere Steifigkeit (Bild 5-26), somit auch höhere Traglast für diese Konfiguration. Dieser Vergleich hat wegen der unterschiedlichen Verbindungsmittel nur geringe Aussagekraft. An dieser Geometrie wurden daher keine weiteren numerischen Untersuchungen durchgeführt.

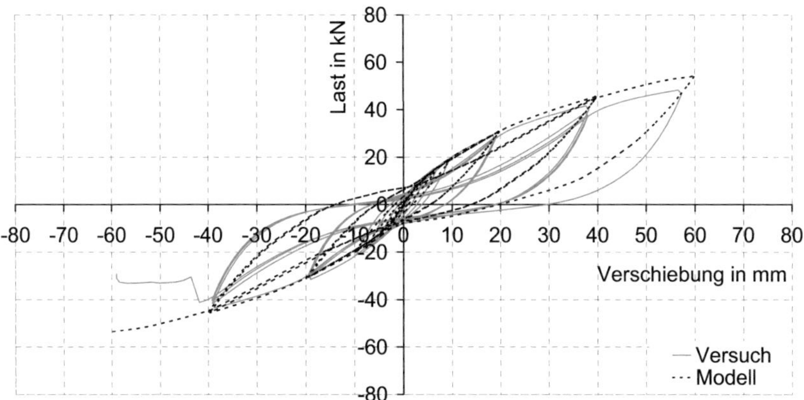

Bild 5-26   Konfiguration Fux4S mit Klammern, ohne Auflast

5.3.2.2   Fux4S, VM Klammern, Auflast 10 kN/m

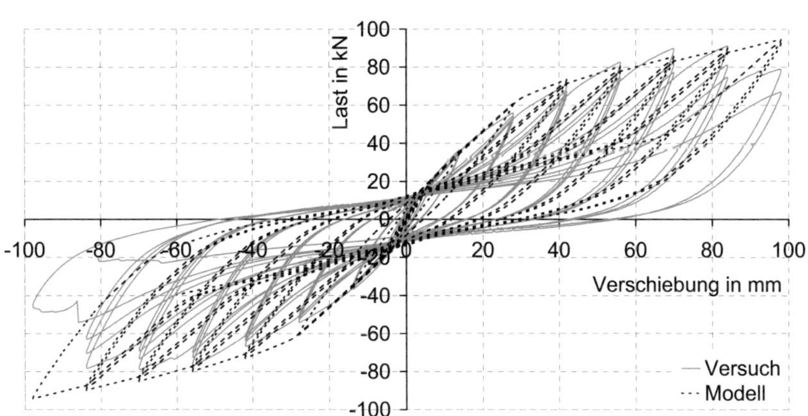

Bild 5-27   Konfiguration Fux4S mit Klammern, Auflast 10 kN/m

Den Vergleich zwischen Berechnung und Versuch für die Geometrie Fux4S und Auflast 10 kN/m zeigt Bild 5-27. Sowohl der Verlauf der Einhüllenden als auch die Form der Hysterese sowie die Höchstlast stimmen gut überein. Das Modell zeigt nach Überschreiten der Höchstlast im Versuch jedoch nicht den Abfall der Hysteresekurve, der als Ziel der Modellierung mit dem Federpaket angestrebt war. Mögliche Ursachen hierfür ist schnelleres Ermüdungsversagen der mechanischen Verbindungsmittel, da sowohl Verbindungsmittel als auch Zuganker mit einem schwellenden Protokoll geprüft und kalibriert wurden. Bei dieser Prüfung treten keine Druckbelastungen auf, bei der Wandscheibenprüfung sind diese jedoch ausgeprägt vorhanden und führen z.B. zum Ausknicken der Zuganker und damit zur frühzeitigen Rissbildung am Knick.

5.3.2.3   Fux4S, VM Nägel, Auflast 10 kN/m

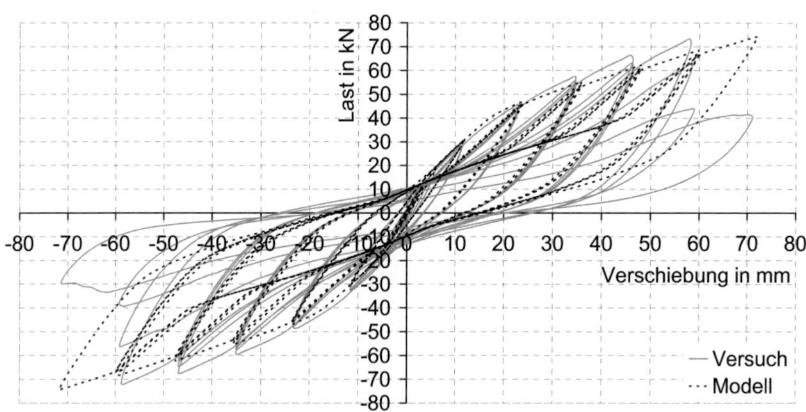

Bild 5-28   Konfiguration Fux4S mit Nägeln, Auflast 10 kN/m

Bild 5-28 zeigt die Ergebnisse von Berechnung und Versuch für die Geometrie Fux4S, Auflast 10 kN/m und Rillennägel als Verbindungsmittel. Wiederum stimmen der Verlauf der Einhüllenden und die Form der Hysterese bis zum Erreichen der Höchstlast bzw. der Maximalverschiebung gut überein. Auch hier kann der Abfall der Hysteresekurve nicht dargestellt werden, mögliche Ursache ist hier wiederum ausgeprägtes Ermüdungsversagen sowie das Aufspalten der Brettüberstände rechtwinklig zur Faserrichtung. Das Aufspalten der Brettüberstände wird bei der Versuchsdurchführung an VM sowie bei der Kalibrierung nicht berücksichtigt.

5.3.2.4 Fux6S 2 Paneele, VM Klammern, ohne Auflast

Aufgrund der Länge des Prüfkörpers wurde der Versuch mit zwei Elementen ohne Auflast durchgeführt (vgl. Abschnitt 4.2.4.5). In Bild 5-29 fällt auf, dass die Einschnürung („Pinching") der Hysterese beim Versuch ausgeprägt vorhanden ist. Die schmale Zone des Pinching wird durch das numerische Modell gut, wenn auch nicht exakt abgebildet. Ähnliches kann beim Versuch mit Fux4S-Elementen ohne Auflast (Bild 5-26) beobachtet werden. Die kumulierte Energiedissipation von Versuch und Modell stimmt jedoch gut überein, der Lastabfall im Modell bei u = 80 mm ist auf das Versagen der Zuganker zurückzuführen.

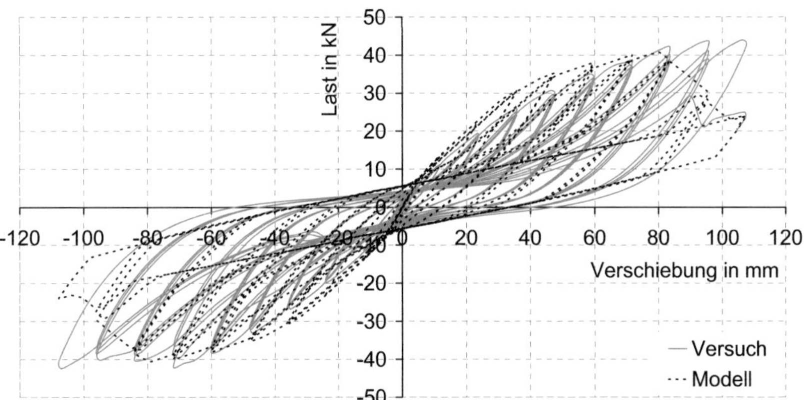

Bild 5-29   Konfiguration Fux6S 2 Paneele mit Klammern, ohne Auflast

5.3.2.5 Fux6S 3 Paneele, VM Klammern, Auflast 10 kN/m

Bild 5-30 zeigt erneut gute Übereinstimmung zwischen dem Versuch und dem numerischen Modell der Wandscheibe. Der Versuch mit drei Elementen wurde wiederum mit der Auflast von 10 kN/m durchgeführt, die Einschnürung der Hysteresekurve ist gut wiedergegeben.

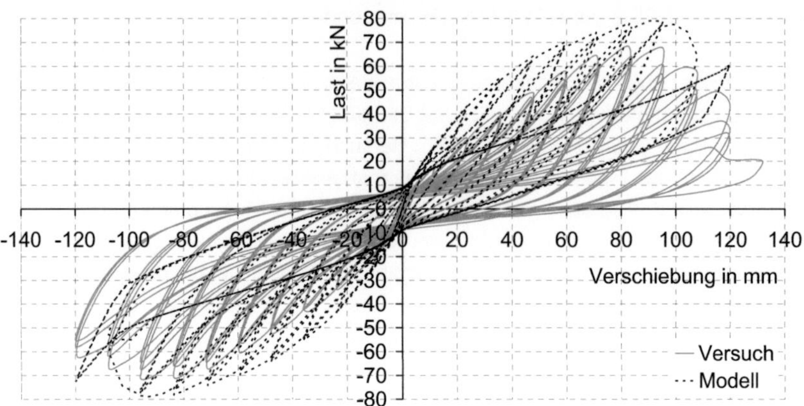

Bild 5-30   Konfiguration Fux6S 3 Paneele mit Klammern, Auflast 10 kN/m

5.3.2.6   Fux6S 4 Paneele, VM Klammern, Auflast 10 kN/m

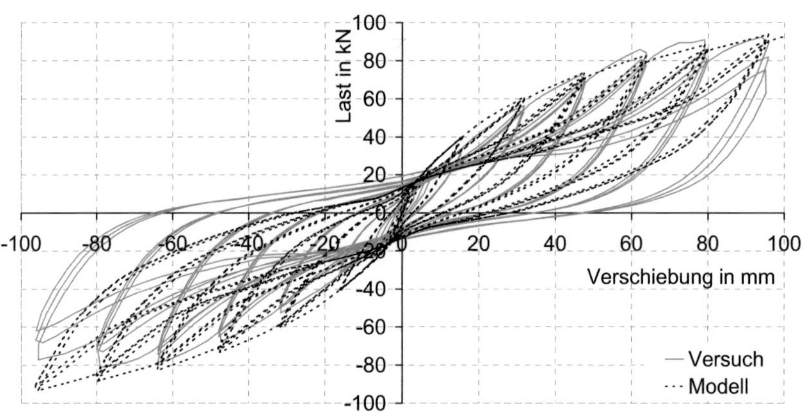

Bild 5-31   Konfiguration Fux6S 4 Paneele mit Klammern, Auflast 10 kN/m

Die gute Übereinstimmung der Versuchsergebnisse mit der numerischen Modellierung konnte anhand der Ausführungen über die in den vorangegangenen Abschnitten beschriebenen Wandscheiben gezeigt werden. Ein ausführlicher Vergleich soll in diesem Abschnitt anhand der kumulierten Energiedissipation analog zu den Verbindungsmitteln in Abschnitt 5.2.2.1 durchgeführt werden.

Bild 5-31 zeigt die Überlagerung der Hysteresekurve von Versuch und Modell in der üblichen Form. Bis zur Verschiebungsstufe 96 mm ist gute Übereinstimmung zu erkennen, wobei der Verlauf der numerisch berechneten Hysteresekurve im ersten und dritten Quadranten hinsichtlich der Steifigkeit geringfügig über den Versuchsergebnissen liegt. Diese Unterschiede rühren daher, dass das Verbindungsmittel im Modell für die x- und die y-Richtung durch zwei getrennte Federn dargestellt wird. Bei einer Verschiebung in 45°-Richtung werden somit beide Federn angesprochen, die Steifigkeit wird zu hoch berechnet.

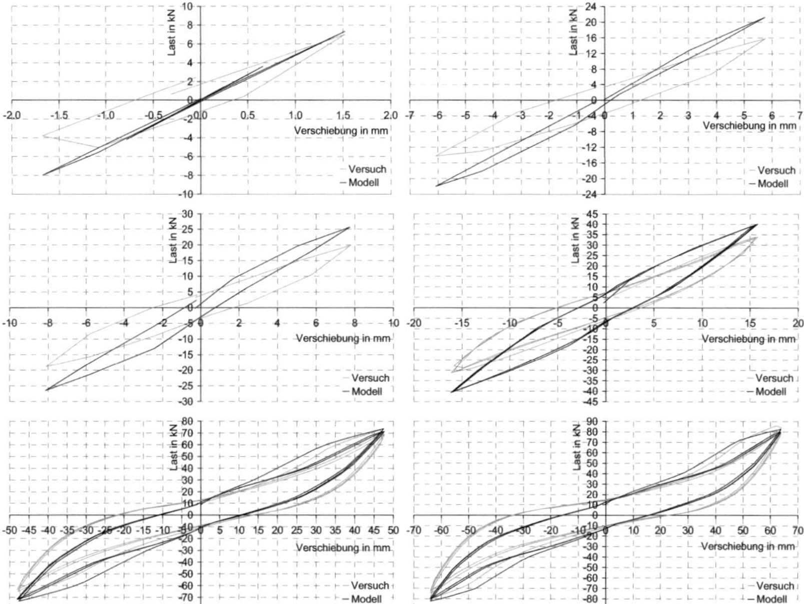

Bild 5-32   Vergleich ausgewählter Zyklen

Den Vergleich ausgewählter Zyklen zeigt Bild 5-32. Die vergleichsweise hohe Abweichung der Energiedissipation bei den kleineren Zyklen (Bild 5-34) ist in der Linearität des Modells begründet. Während im Versuch schon bei kleinen Verschiebungsstufen plastische Verformungen auftreten, kann das Modell diese nicht abbilden.

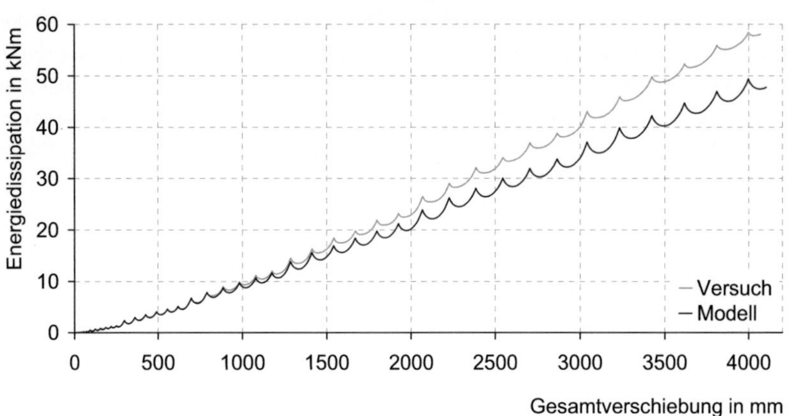

Bild 5-33   Vergleich der kumulierten Energiedissipation

Der Vergleich der kumulierten Energiedissipation über den gesamten Versuch ist in Bild 5-33 dargestellt, den Vergleich über die einzelnen Zyklen zeigt Bild 5-34. In Bild 5-33 ist die Übereinstimmung der kumulierten Energiedissipation anfänglich sehr gut, erst bei größeren Verschiebungen beginnen die Ergebnisse voneinander abzuweichen.

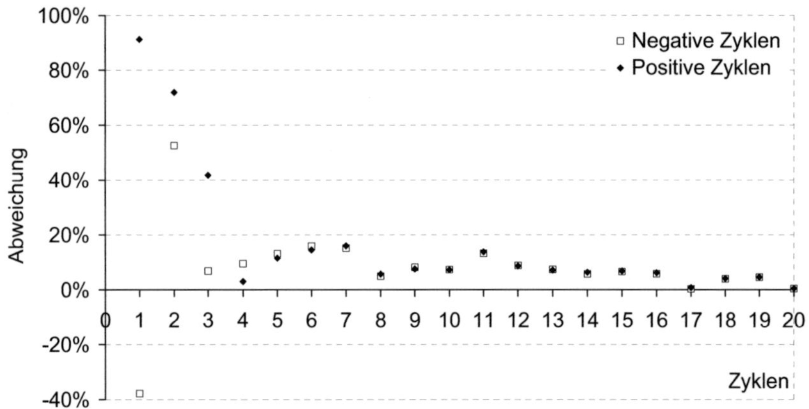

Bild 5-34   Vergleich der prozentualen Abweichung bei einer Wandscheibe

In Bild 5-34 bedeuten positive Werte, dass der Versuch größere Energiedissipation (größere Flächeninhalte) aufweist als das Modell diese berechnet. Negative Werte bedeuten somit, dass das Modell größere Flächeninhalte berechnet, als diese im Versuch auftreten.

In Bild 5-34 sind große Abweichungen am Anfang des Versuchs bzw. der Berechnung zu erkennen, die Ursache liegt wie beim Modell für einzelne Verbindungsmittel (vgl. Abschnitt 5.2.2) darin, dass das Modell sich bei kleinen Zyklen linear-elastisch verhält, während im Versuch bereits plastische Verformung stattfindet. Beim Großteil der Zyklen beträgt die Abweichung weniger als 20 %, was für eine Aussage über das Erdbebenverhalten der Bauweise ausreichend ist. Die kleinen Zyklen sind für das Gesamtverhalten vernachlässigbar.

5.3.2.7   Fux6S 5 Paneele, VM Klammern, Auflast 10 kN/m

Erneut gute Übereinstimmung zwischen Versuch und Berechnungsergebnissen ist in Bild 5-35 zu erkennen. Die Ergebnisse werden hinsichtlich der Steifigkeit vom Modell geringfügig zu hoch berechnet, bis in hohe Verschiebungsstufen ist jedoch eine zutreffende Aussage über die grundlegende Form der Hysteresekurve möglich.

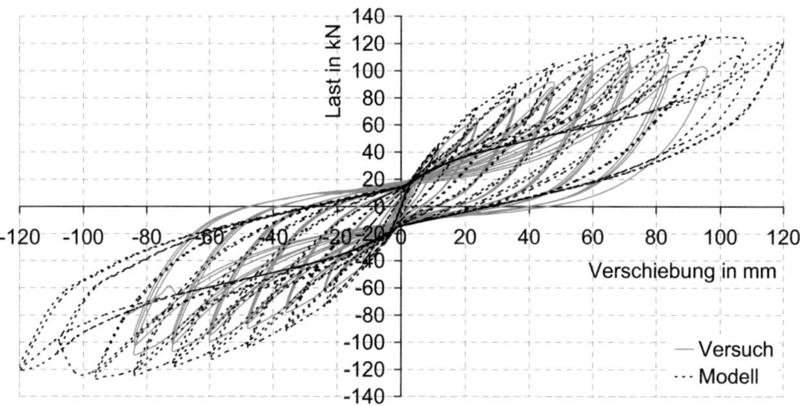

Bild 5-35   Konfiguration Fux6S 5 Paneele mit Klammern, Auflast 10 kN/m

5.3.2.8   Fux6S 4 Paneele, VM Klammern 90 mm, Auflast 10 kN/m

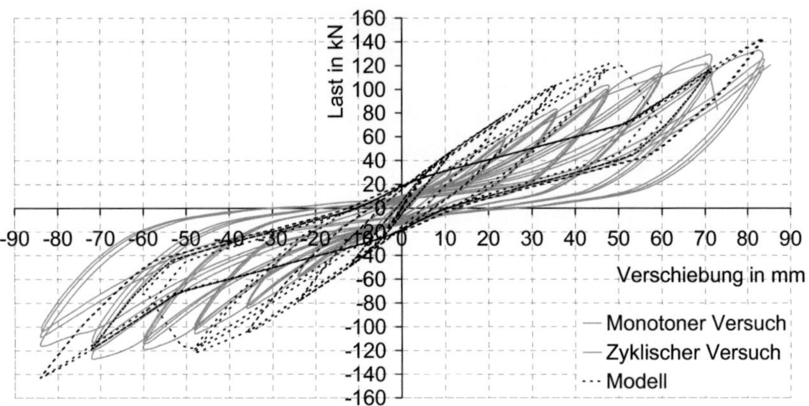

Bild 5-36   Konfiguration Fux6S 4 Paneele mit Klammern 90 mm, Auflast 10 kN/m

Bei Verwendung des Modells mit den zweischnittigen 90 mm-Klammern werden Steifigkeit und Traglast überschätzt. Der Abfall in der Hysteresekurve bei der Verschiebung ± 50 mm beschreibt das Überschreiten der Höchstlast der Zuganker.

6 Verhalten unter Erdbebeneinwirkungen

6.1 Beispielgebäude

In diesem Abschnitt wird das Erdbebenverhalten der untersuchten Systeme verglichen und bewertet. Grundlage hierfür ist das Beispielgebäude nach Bild 6-1 und Bild 6-2. Anhand dieses Wohngebäudes werden Lasten angenommen und die vergleichenden Berechnungen durchgeführt. Ein Gebäude ähnlicher Geometrie wurde in Ceccotti (2008) betrachtet, wodurch ein einfacher Vergleich der Bauweise mit bereits untersuchten Systemen möglich wird. Die große Öffnung im Erdgeschoss des Beispielgebäudes sorgt dafür, dass das Versagen immer im Erdgeschoss eintritt („weiches Erdgeschoss").

Die Bestimmung der Verhaltensbeiwerte für die untersuchten Bauweisen wird mittels einer vereinfachten numerischen Simulation durchgeführt. Die wesentlichen Eigenschaften der Bauweise (Duktilität, Energiedissipation) werden mit dem Modell abgebildet, wobei die Energiedissipation der untersuchten Bauteile explizit berücksichtigt wird. Dies ermöglicht eine wesentlich genauere Aussage über den Verhaltensbeiwert als lediglich die Einordnung in eine Duktilitätsklasse (vgl. Abschnitt 3.1). Das verwendete numerische Modell wird anhand von Hysteresekurven der jeweiligen Bauweise kalibriert. Hierzu können Kurven aus Bauteilversuchen (Abschnitt 4.2.4) ebenso verwendet werden wie numerisch berechnete Kurven (Abschnitt 5).

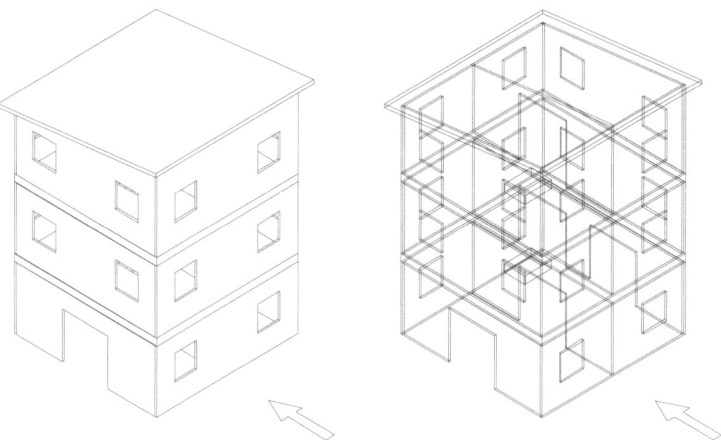

Bild 6-1   Ansicht des Beispielgebäudes

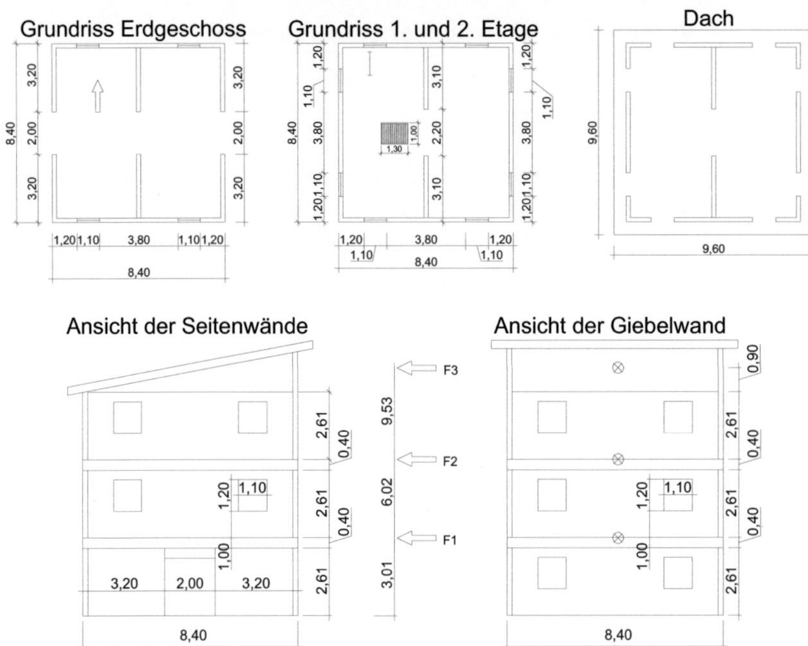

Bild 6-2　　　Grundriss und Ansichten des Gebäudes, Maße in m

Die Einwirkungskombination für die Bemessungssituation infolge Erdbeben wurde in Anlehnung an DIN 1055-100:2001 gewählt zu:

$$E_{dAE} = E\left\{\sum_{j\geq 1} G_{k,j} \oplus \sum_{i\geq 1} \psi_{2,i} \cdot Q_{k,i}\right\} \qquad (6\text{-}1)$$

wobei

E_{dAE}　　　=　　　Bemessungssituation infolge Außergewöhnlicher Einwirkungen

$G_{k,j}$　　　=　　　Unabhängige ständige Einwirkung, hier Eigenlast

$\oplus$　　　=　　　in Kombination mit

$\psi_{2,i}$　　　=　　　jeweiliger Kombinationsbeiwert, hier $\psi_{2,i} = 0,3$

$Q_{k,i}$　　　=　　　Unabhängige veränderliche Einwirkung, hier Verkehrslast

Mit der Einwirkungskombination (6-1) ergeben sich für den Lastfall Erdbeben die Massenkräfte nach Tabelle 6-1. Vereinfacht wurden für beide Systeme die gleichen Eigenlasten angenommen. Es wurde eine Holzbalkendecke mit einer Verkehrslast von 2,0 kN/m² angenommen.

Tabelle 6-1 Massenkräfte für das Mustergebäude

Lasten	Eigen-last	Eigen-last+30% Verkehrslast
2. OG	285 kN	299 kN
1. OG	279 kN	322 kN
EG	279 kN	322 kN
Summe	844 kN	942 kN

6.2 Vereinfachtes Verfahren zur Ermittlung des Verhaltensbeiwertes q

Zur Ermittlung des Verhaltensfaktors wird das Beispielgebäude aus Abschnitt 6.1 für eine Bemessungs-Bodenbeschleunigung mit Hilfe von statischen Ersatzlasten bemessen. Das auf einen zweidimensionalen Rahmen reduzierte Gebäude wird dann mit jeweils zehn realen sowie zehn synthetischen Beschleunigungs-Zeit-Verläufen angeregt und die Systemantwort berechnet. Aus dem Verhältnis von Bemessungs-Bodenbeschleunigung zu skalierter Bodenbeschleunigung wird der Verhaltensbeiwert q bestimmt.

Diese vereinfachte Vorgehensweise ist angelehnt an Ceccotti (2008) und soll in der nachfolgenden Übersicht kurz beschrieben werden.

Schritt 1: Ermittlung der statischen Ersatzlasten für normativ anzusetzende Bodenbeschleunigung ($PGA_{u,code}$).

Annahme: Linear-elastisches Bauteilverhalten (q = 1)

Schritt 2: Bemessung der Struktur mit den Ersatzlasten aus *Schritt 1*.

Ermittlung der für Lastabtrag jeweils benötigten Wandlänge.

Schritt 3: Modellierung des hysteretischen Verhaltens der aussteifenden Wände mittels geeignetem Hysteresemodell.

Kontrolle: Energiedissipation von Modell und Eingangsdaten stimmen überein.

Schritt 4: Erstellung eines 2D oder 3D Gebäudemodells mit Hilfe in *Schritt 3* kalibrierter Wandscheiben.

Festlegung eines „near nollapse"-Status (z.B. Stockwerksverschiebung)

Schritt 5: Beschleunigungs-Zeit-Verläufe als Fußpunkterregung aufbringen.

Skalierung so, dass bei einer bestimmten, skalierten Bodenbeschleunigung $PGA_{u,eff}$ der „near collapse"-Status erreicht wird. Dort: Abbruch der Berechung.

Schritt 6: Bestimmung von q.

$$q = \frac{PGA_{u,eff}}{PGA_{u,code}}$$

6.2.1   Statische Ersatzlasten für den Lastfall Erdbeben

Nach EC8 und nach DIN 4149 errechnet sich die auf ein Gebäude anzusetzende Gesamterdbebenkraft zu:

$$F_b = S_d(T_1) \cdot m \cdot \lambda \tag{6-2}$$

wobei

F_b =   Gesamterdbebenkraft in jeder Richtung, in der das Bauwerk rechnerisch untersucht wird

$S_d(T_1)$ =   Ordinate des Bemessungsspektrums bei der Periode T_1

T_1 =   Eigenschwingdauer des Bauwerks für horizontale Bewegungen in der betrachteten Richtung

m =   Gesamtmasse des Bauwerks oberhalb der Gründung

λ =   0.85 Korrekturbeiwert, wenn $T_1 < 2\,T_C$ und das Bauwerk mehr als zwei Stockwerke hat

Für die Horizontalkomponenten der Erdbebeneinwirkung ist das Bemessungsspektrum $S_d(T)$ nach EC8 durch folgende Ausdrücke definiert:

$$0 \le T \le T_B: \qquad S_d(T) = \quad a_g \cdot S \cdot \left[\frac{2}{3} + \frac{T}{T_B} \cdot \left(\frac{2{,}5}{q} - \frac{2}{3} \right) \right] \tag{6-3}$$

$$T_B \le T \le T_C: \qquad S_d(T) = \quad a_g \cdot S \cdot \frac{2{,}5}{q} \tag{6-4}$$

$$T_C \le T \le T_D: \qquad S_d(T) = \quad a_g \cdot S \cdot \frac{2{,}5}{q} \cdot \left[\frac{T_C}{T} \right] \tag{6-5}$$

$$T_D \le T\ (\text{bzw.} \le 4\,\text{s}): \qquad S_d(T) = \quad a_g \cdot S \cdot \frac{2{,}5}{q} \cdot \left[\frac{T_C T_D}{T} \right] \tag{6-6}$$

wobei

$S_d(T)$ =   Ordinate des elastischen Antwortspektrums

T =   Schwingungsdauer eines linearen Einmassenschwingers

a_g =   Bemessungs-Bodenbeschleunigung für Baugrundklasse A
             ($a_g = \gamma_1 \cdot a_{gR}$ mit γ_1 = Bedeutungsbeiwert des Bauwerks und a_{gR}

= Referenz-Spitzenwert der Bodenbeschleunigung für Baugrundklasse A)

T_B = Untere Grenze des Bereichs konstanter Spektralbeschleunigung

T_C = Obere Grenze des Bereichs konstanter Spektralbeschleunigung

T_D = Wert, der den Beginn des Bereichs konstanter Verschiebungen des Spektrums definiert

S = Bodenparameter

In DIN 4149 wird bei obigen Gleichungen zusätzlich ein Bedeutungsbeiwert γ_1 je nach Gebäudekategorie eingeführt. Im Rahmen dieses Forschungsvorhabens soll ein Wohngebäude mit einem Bedeutungsbeiwert von $\gamma_1 = 1{,}0$ untersucht werden, obige Gleichungen sind daher auch für eine Berechnung nach DIN 4149 gültig.

Die für den Rahmen verwendeten Eingangswerte lauten:

a_g = $3{,}5 \ \text{m/s}^2$

S = 1,0   (für Baugrundklasse A (Fels)) nach EC8

q = 1,0   (für lineare Bemessung)

Die normativ anzusetzende Bodenbeschleunigung a_g wird im weiteren Verlauf als „Peak Ground Acceleration Code" ($PGA_{u,code}$) bezeichnet. Für dieses Beispiel wurde mit $a_g = PGA_{u,code} = 3{,}5 \ \text{m/s}^2$ der Höchstwert der Bodenbeschleunigung für Südeuropa (Italien) gewählt.

Für die gewählten Untergrundverhältnisse ist T_B = 0,15 s, T_C = 0,4 s und T_D = 2,0 s.

Die mittels Modalanalyse ermittelten Eigenschwingzeiten des Gebäudes für die berechneten Bauweisen (Tabelle 6-3) liegen bei T_C, also im Bereich konstanter Spektralbeschleunigung. Für die Horizontalkomponente der Erdbebeneinwirkung wird daher der höchste Wert der Ordinate des Bemessungsspektrums angenommen:

$$T_B \leq T \leq T_C : \qquad S_e(T) = \qquad 3{,}5 \frac{m}{s^2} \cdot 1{,}0 \cdot \frac{2{,}5}{1} = 8{,}75 \frac{m}{s^2}$$

Die ausführlichere Betrachtung der Eigenschwingzeiten folgt in Abschnitt 6.2.2.

Die Annahme linear-elastischen Bauteilverhaltens (q = 1) führt in diesem Schritt zu deutlich höheren Ersatzkräften als die Verwendung eines Verhaltensbeiwertes q > 1, welcher plastisches Bauteilverhalten berücksichtigt.

Mit der Horizontalkomponente $S_d(T_1) = S_e(T)$ und den in Tabelle 6-1 ermittelten Massen

m   =   942 kN

und

λ =   0,85 Korrekturbeiwert, da $T_1 < 2\,T_C$ und das Bauwerk mehr als zwei Stockwerke hat

Errechnet sich die auf das Gebäude anzusetzende Gesamterdbebenkraft zu:

$$F_b = 8,75\,\frac{m}{s^2} \cdot 94,2\,\text{to} \cdot 0,85 = 701\,kN \tag{6-7}$$

(Umrechnung 1 kN = 0,1 to bzw. g = 10 m/s^2

Die Grundeigenform soll durch mit der Höhe linear zunehmende Horizontalverschiebungen angenähert werden. Die Aufteilung der Gesamterdbebenkraft F_b auf die einzelnen Stockwerke erfolgt z.B. mit:

$$F_i = F_b \cdot \frac{z_i \cdot m_i}{\sum z_j \cdot m_j} \tag{6-8}$$

wobei

F_i =   im Stockwerk i angreifende Horizontalkraft

F_b =   Gesamterdbebenkraft

m_i, m_j =   Stockwerksmassen

z_i, z_j =   Höhe der Massen m_i, m_j über der Ebene, in der die Erdbebeneinwirkung angreift (Hier: Fundamentoberkante)

Die resultierenden Horizontalkräfte und Schubkräfte werden nun auf das Modell angesetzt. Der Lastangriffspunkt für die statischen Ersatzlasten wurde jeweils zur Oberkante der Geschossdecke angenommen. Für die Dachebene wurde der Lastangriffspunkt in der Mitte der Giebelwand angenommen. Um den Einfluss der Höhe des Lastangriffspunktes nicht mit der Höhe der Wand zu verschmieren, wurde die Wand in ihrer im Versuch geprüften Höhe ins Modell übernommen und die jeweilige Decke darüber liegend als steife Scheibe modelliert.

Tabelle 6-2 Aufteilung Gesamterdbebenkraft nach Gl. (6-8)

Höhe der Lasteinwirkung in m			Last in den Stockwerken in kN			Schubkraft in den Stockwerken in kN		
z_1	z_2	z_3	F_1	F_2	F_3	T_1	T_2	T_3
3.01	6.02	9.43	119	237	345	701	582	345

Bei dem hier beschriebenen Verfahren handelt es sich um ein vereinfachtes, zweidimensionales Verfahren. Mit dessen Hilfe sollen allgemeine Aussagen über das Erdbebenverhalten einer Bauweise getroffen werden. Torsionswirkungen oder sonstige Einflüsse sollen nicht berücksichtigt werden.

6.2.2 Eigenschwingzeit des Rahmens

EC8 (Abschnitt 4.3.3.2.2, Gl. 4.6 bzw. Gl. 4.9) schlägt zur Abschätzung der Eigenschwingdauer folgende Gleichung vor

$$(T_1) = C_t \cdot H^{3/4} \tag{6-9}$$

wobei

C_t $\qquad$ = 0,050 („…für alle anderen Tragwerke", Hier: Holzbauten)

H $\qquad$ = Bauwerkshöhe in m ab Fundamentoberkante

Gleichung (6-9) ergibt für das Mustergebäude eine Eigenschwingzeit von

$$(T_1) = 0,050 \cdot 9,5^{3/4} = 0,27\,s$$

Weiterhin ist vorgeschlagen:

$$(T_1) = 2 \cdot \sqrt{d} \tag{6-10}$$

wobei

d $\qquad$ = Horizontale elastische Verschiebung der Gebäudespitze in m infolge der in Horizontalrichtung angreifend gedachten Gewichtslasten

Gleichung (6-10) führt mit der horizontalen Verschiebung der Gebäudespitze unter Ansatz der Gewichtslast aus Eigengewicht (ohne Verkehrslasten, vgl. Tabelle 6-1) sowie Ansatz der entsprechenden Federsteifigkeiten zu:

$$(T_{1,Fux4,Kl}) = 2 \cdot \sqrt{d} = 2 \cdot \sqrt{0,174\ m} = 0,83\ s$$

$$(T_{1,Fux4,Nä}) = 2 \cdot \sqrt{d} = 2 \cdot \sqrt{0,087\ m} = 0,59\ s$$

$$(T_{1,Fux6,Kl}) = 2 \cdot \sqrt{d} = 2 \cdot \sqrt{0,105\ m} = 0,65\ s$$

Mit einer Modalanalyse im Programm DRAIN (Prakash (1993)) können die Eigenschwingzeiten für die verschiedenen Federsteifigkeiten des Mustergebäudes ermittelt werden (Tabelle 6-3).

Tabelle 6-3 Eigenschwingzeiten aus Modalanalyse

Bauweise	Eigenschwingzeit T
Element Fux4S, VM Klammern	0,399 s
Element Fux4S, VM Nägel	0,404 s
Element Fux6S, VM Klammern	0,445 s

Die Eigenschwingzeiten aus der Modalanalyse liegen im Bereich von ca. 0,4 s bis 0,45 s und stimmen gut überein, was für Holzgebäude gleicher Bauweise und Geometrie zu erwarten ist. Die Eigenschwingzeit nach Gleichung (6-9) stimmt nur unzureichend mit den Werten in Tabelle 6-3 überein, der Vergleich mit den Werten aus Gleichung (6-10) zeigt ebenfalls wenig Übereinstimmung. Die vergleichsweise „weichen" Holzbauten weisen große Verschiebungen an der Gebäudespitze auf, was zu hohen Eigenschwingzeiten führt. Dies zeigt, dass die Abschätzformeln in gängigen Normenwerken nicht auf Holzbauten übertragbar sind und mit Vorsicht zu verwenden sind (Filiatrault und Folz (2002)).

Für das vereinfachte Verfahren wird daher (auf der sicheren Seite liegend) die Eigenschwingzeit immer zwischen den normativ vorgegebenen Randperioden T_B und T_C angenommen (vgl. Abschnitt 6.2.1). Somit wird der Höchstwert der Ordinate des Bemessungsspektrums (Bereich konstanter Spektralbeschleunigung) für die anzunehmende Beschleunigung und für die Berechnung der Ersatzkräfte maßgebend.

6.2.3   Grundlagen und Annahmen bei der Modellierung

Die Modellierung der Wandscheiben und Kalibrierung der Hystereseschleifen erfolgt mit einem einfachen Rahmen, der seine plastischen Eigenschaften durch die in den

Ecken angebrachten nichtlinearen Drehfedern erhält. Sowohl die Stützen als auch die Riegel werden als starr angenommen.

Die nichtlinearen Federn in den Ecken des Rahmens sind Rotationselemente. Last und Verschiebung müssen zur Kalibrierung der Federn in Moment und Rotation umgerechnet werden (Bild 6-3).

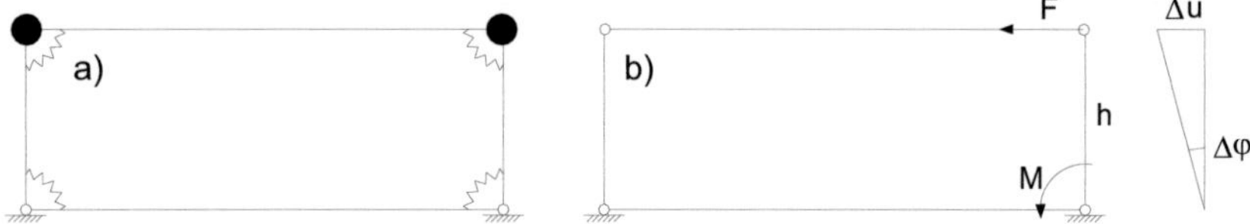

Bild 6-3   a) Modell der Wandscheibe,
                 b) Umrechnung von Last und Verschiebung in Moment und Rotation

$$tg\Delta\varphi \approx \Delta\varphi \Rightarrow \Delta\varphi = \frac{\Delta u}{h} \qquad\qquad (6\text{-}11)$$

Für vier Federelemente folgt:

$$M = \frac{F \cdot h}{4} \qquad\qquad (6\text{-}12)$$

Die Verformungsfigur des Modells entspricht durch die in den Eckpunkten verbundenen Stäbe einem Parallelogramm. Voraussetzung für die Modellierung ist daher eine parallelogrammartige Verformung der Versuchswände. Die gewählten Randbedingungen und die beobachteten Versagensformen bestätigen diese Annahme.

Das Gebäude nach Abschnitt 6.1 wird auf ein zweidimensionales Modell reduziert (Bild 6-4). Die Verteilung der Massenkräfte erfolgt unter Annahme einer tragenden Innenwand. Ohne Berücksichtigung der Durchlaufwirkung werden die Massenkräfte auf drei Wände, die mit jeweils zwei Massenpunkten modelliert sind, angesetzt.

Die für die Modellierung erforderlichen Federsteifigkeiten der einzelnen Stockwerke ergeben sich durch die einwirkenden Schubkräfte. Die Ersatzfedersteifigkeiten sind hierbei unter Annahme einer linearen Steifigkeitsverteilung linear hochgerechnet.

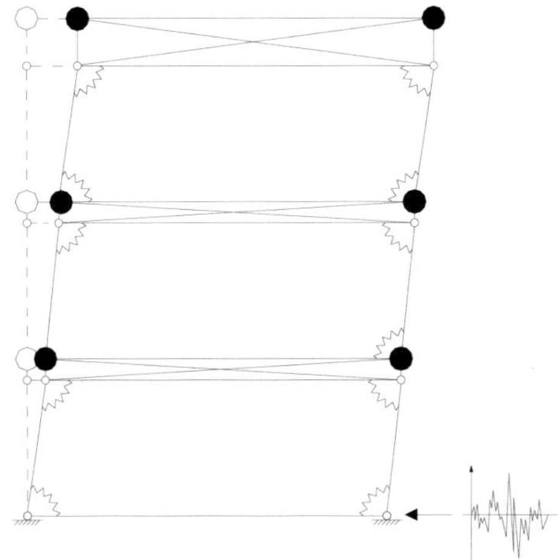

Bild 6-4   Rahmenmodell mit Massen

Das hysteretische Verhalten der nichtlinearen Federn wird in diesem Abschnitt durch das *„University of Florence model"* (Ceccotti und Vignoli (1989), Bild 6-5) beschrieben. Die Überlagerung der Modellierung mit den Hysteresen der verwendeten Versuche zeigt Bild 6-6.

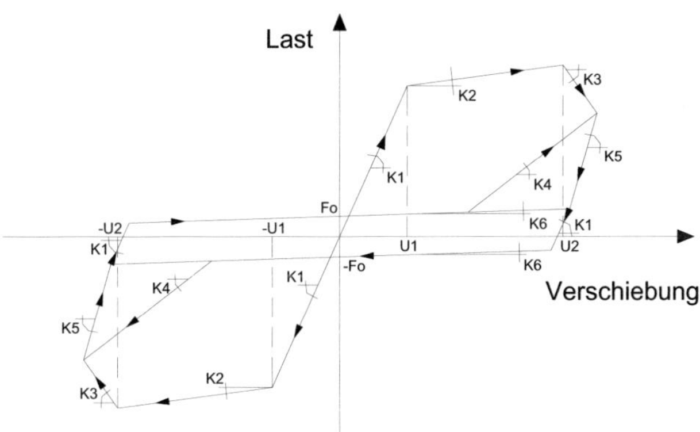

Bild 6-5   Hysteresemodell mit 6 Steigungen und linearer Entlastung (*„University of Florence model"*, (Ceccotti und Vignoli (1989))

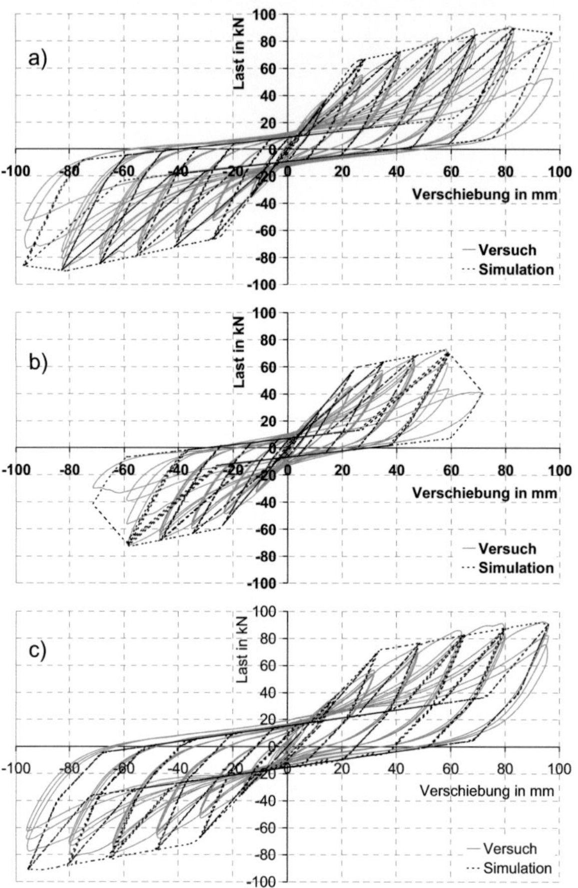

Bild 6-6　　Überlagerung Versuch-Simulation: a) Fux4S mit Klammern, b) Fux4S mit Nägeln, c) Fux6S mit Klammern

6.2.3.1 Vergleich der Energiedissipation

Bild 6-6 zeigt, dass bei der Überlagerung der Simulation mit den Versuchsdaten keine exakte Übereinstimmung der Kurven erreicht werden kann. Dass die Kurven dennoch das tatsächliche Verhalten der Wandscheiben wiedergeben, lässt sich durch den Vergleich der Energiedissipation von Versuch und Modell zeigen.

Die Energiedissipation eines Schleifendurchlaufs kann ausgedrückt werden als:

$$E_d = \int_\Omega F(u)\, du \qquad (6\text{-}13)$$

wobei

E_d = während eines Halbzyklus dissipierte Energie

$F(u)$ = Verlauf der Hysterese im Last-Verschiebungsdiagramm

Ω = Von der Last-Verschiebungskurve eingeschlossene Fläche

Die gesamte Energiedissipation eines Bauteils kann als kumulierte Energiedissipation über eine Anzahl von Schleifendurchläufen aufgefasst werden:

$$E_{d,K} = \sum_{i=1}^{n} E_{D,i} \qquad (6\text{-}14)$$

wobei

$E_{d,K}$ = Kumulierte Energiedissipation

n = Anzahl der Schleifendurchläufe

Die Energiedissipation über die Versuchsdauer im Verglich von Versuch und Modell zeigt Bild 6-7, Tabelle 6-4 enthält den Vergleich der kumulierten Energiedissipation.

Tabelle 6-4 Vergleich kumulierte Energiedissipation und DRAIN-Kalibrierung

	Kumulierte Energiedissipation Versuch	Kumulierte Energiedissipation Simulation	Differenz
Fux4S(Klammern)	53.92 kNm	53.72 kNm	-0.37 %
Fux4S (Nägel)	23.61 kNm	23.69 kNm	0.34 %
Fux6S (Klammern)	58.04 kNm	56.56 kNm	-2.55 %

Die kumulierte Energiedissipation des jeweiligen Versuches und der Simulation stimmen damit sehr gut überein.

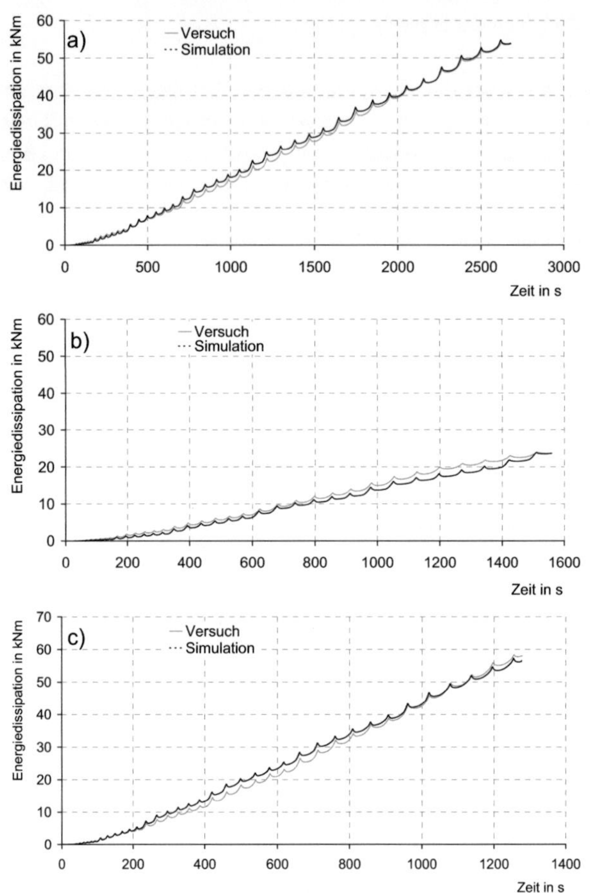

Bild 6-7   Energiedissipation über Versuchsdauer: a) Fux4S Klammern,
                b) Fux4S Nägel, c) Fux6S Klammern

6.2.3.2   Beschleunigungs-Zeit-Verläufe von Erdbeben

Um eine umfassende Aussage über das Verhalten der Struktur unter verschiedenen Anregungen treffen zu können und damit eine solide Grundlage für die Angabe des Verhaltensbeiwertes q zu erhalten, wurde das Mustergebäude mit je 10 natürlichen sowie 10 synthetischen Beschleunigungs-Zeit-Verläufen angeregt (Tabelle 6-5). Die synthetischen Verläufe entsprechend dem Antwortspektrum nach Eurocode 8 wurden mit Hilfe des Programms SYNTH (Meskouris et al. (2007)) generiert.

Die linearen Antwortspektren der Beben zeigt Bild 11-1 bis Bild 11-4, die nicht-linearen Antwortspektren zeigt Bild 11-10 bis Bild 11-24. Die natürlichen Beben wurden zur Erstellung der Antwortspektren auf den Maximalwert der Bodenbe-schleunigung „1" normiert, da es sich um Beben mit stark unterschiedlichen Bodenbeschleunigungen handelt. Die normierten Beben wurden zum Vergleich einem Bemessungs-Antwortspektrum gegenübergestellt, dessen Form der in EC8 angegebenen entspricht. Die synthetischen Beben wurden dem Ziel-Antwort-spektrum nach EC8 gegenüber gestellt.

Tabelle 6-5 Für die Modellierung verwendete Erdbeben

Ort / Bezeichnung des Erdbebens	Datum	Station	Komponente	Quelle	Dauer in s
Roermond	13.04.1992	Bergheim	N/S	Meskouris et al. (2007))	45
L'Aquila FA030x	06.04.2009	FA030	E/W	www.reluis.it	30
L'Aquila FA030y	06.04.2009	FA030	N/S	www.reluis.it	30
L'Aquila GX066x	06.04.2009	GX066	E/W	www.reluis.it	30
L'Aquila GX066y	06.04.2009	GX066	N/S	www.reluis.it	30
L'Aquila AM043x	06.04.2009	AM043	E/W	www.reluis.it	30
L'Aquila AM043y	06.04.2009	AM043	N/S	www.reluis.it	30
Friaul	06.05.1976	Feltre	N/S	http.peer.berkeley.edu	33
Friaul	06.05.1976	Feltre	E/W	http.peer.berkeley.edu	23
Lazio	07.05.1984	Atina	N/S	http.peer.berkeley.edu	23
Synthetische Beben für das Ziel-Antwortspektrum nach Eurocode 8 (a_g=3.5 m/s^2)					
SYNTH_1					15
...					15
SYNTH_10					15

6.2.3.3   Abbruchkriterium („near collapse" Status)

Als Kriterium für das Berechnungsende wird die maximal tolerierbare Verschiebung am Wandkopf eines Stockwerkes festgelegt. Für die Standsicherheit eines Gebäudes wird in EC8 definiert: „Das Tragwerk muss so bemessen und ausgebildet sein, dass es ohne örtliches und oder globales Versagen dem Bemessungs-erdbeben […] widersteht, ohne dabei seinen inneren Zusammenhalt und eine Resttragfähigkeit nach dem Erdbeben zu verlieren. Die Bemessungs-Erdbeben-einwirkung wird definiert mit Hilfe der […] Referenz-Überschreitungs-wahrscheinlichkeit P_{NCR} in 50 Jahren oder einer Referenz-Wiederkehrperiode T_{NCR} […]. Die empfohlenen Werte sind P_{NCR} = 10% und T_{NCR} = 475 Jahre." (Index NCR = Non-Collapse-Requirement) Für diese Überschreitungswahrscheinlichkeit wird in EC8-3 EN 1998-3) der Grenzzustand der wesentlichen Schädigung definiert als: „Das Bauwerk ist in wesentlichen Teilen beschädigt. Es besitzt eine gewisse horizontale Restfestigkeit und -steifigkeit, und die vertikalen Tragglieder sind dazu imstande, Vertikallasten aufzunehmen. Nichttragende Bauteile sind beschädigt, obwohl es kein Versagen von Trennwänden und Ausfachungen senkrecht zu ihrer

Ebene gegeben hat. Es sind geringe bleibende gegenseitige Stockwerksverschiebungen vorhanden. Das Bauwerk kann Nachbeben geringer Intensität aushalten. Eine Sanierung des Bauwerks ist wahrscheinlich unwirtschaftlich."

EC8 legt in Abhängigkeit der von den Folgen eines Einsturzes für menschliches Leben insgesamt vier Bedeutungskategorien fest. In Bedeutungskategorie III werden Bauwerke eingeordnet, „…deren Widerstand gegen Erdbeben wichtig ist im Hinblick auf die mit einem Einsturz verbundenen Folgen, z.B. Schulen, Versammlungsräume, kulturelle Einrichtungen usw." Diese Definition ist vergleichbar derer des US-Amerikanischen „National Institute of Building Science" FEMA 450 (2003) für Gebäude der „Seismic Use Group II". Für Gebäude dieser Kategorie ist eine maximale Stockwerksverschiebung von

$$u_{max} = 0,020 \cdot h_{sx} = 0.020 \cdot 2615\,mm \cong 52\,mm \tag{6-15}$$

vorgesehen, wobei h_{sx} die Stockwerkshöhe ist.

Diese Wandkopfverschiebung konnte in allen zyklischen Versuchen mit allen Bauweisen erreicht werden, ohne dass der innere Zusammenhalt der Wände verloren gegangen wäre. Schäden konnten bei dieser Wandkopfverschiebung sehr wohl beobachtet werden. Aus den beschriebenen Überlegungen wird daher der „near collapse" Status für die Massivholz- Paneelbauweise festgelegt zu:

$$u_{max} = 52\,mm \tag{6-16}$$

EC8 beschränkt die maximal zulässige gegenseitige Stockwerksverschiebung „für Hochbauten mit nichttragenden Bauteilen, die derart befestigt sind, dass sie die Verformungen der tragenden Teile nicht stören" ebenfalls auf den Maximalwert von $u_{max} = 0.02 \cdot h$.

Das US-Amerikanische „National Institute of Building Science" FEMA 450 (2003) lässt jedoch für Gebäude der „Seismic Use Group I" (vergleichbar der Bedeutungskategorie II aus EC8) noch höhere zulässige Stockwerksverschiebungen zu. In „Seismic Use Group I" bzw. Bedeutungskategorie I werden Gebäude erfasst, „die nicht in eine der anderen Kategorien fallen", also z.B. Wohngebäude.

Für diese Strukturen ist eine maximale Stockwerksverschiebung von

$$u_{max} = 0,025 \cdot h_{sx} = 0.025 \cdot 2615\,mm \cong 65\,mm \tag{6-17}$$

vorgesehen, wobei h_{sx} die Stockwerkshöhe ist.

Die Wandkopfverschiebung von 65 mm konnte bei allen zyklischen Versuchen mit der Bauweise und Klammern als Verbindungsmittel erreicht werden. Soll diese höhere Stockwerksverschiebung toleriert werden, kann der „near collapse"- Status auch hier festgelegt werden. Die resultierenden q-Werte sind somit entsprechend höher.

Baudynamische Gesetzmäßigkeiten bedingen, dass die maximale Stockwerksverschiebung bei den gewählten Steifigkeitsverhältnissen immer vom Erdgeschoss erreicht wird. Wenn der Wandkopf der Erdgeschosswand die vorgegebene Verschiebung erreicht hat, wird das Gebäude als „geschädigt, jedoch mit einer geringen Resttragfähigkeit" definiert und die Berechnung beendet.

6.2.4   Ergebnisse

Tabelle 6-6 Übersicht über die berechneten Verhaltensbeiwerte der Bauweisen

Ort bzw. Bezeichnung des Erdbebens	$PGA_{u,code}$	q-Werte		
		Fux4S, Klammern	Fux4S, Nägel	Fux6S, Klammern
Natürliche Erdbeben				
Roermond	0.35	3.9	3.6	3.6
L'Aquila FA030x	0.35	5.8	5.7	5.9
L'Aquila FA030y	0.35	4.5	4.3	4.1
L'Aquila GX066x	0.35	4.9	4.5	4.9
L'Aquila GX066y	0.35	4.4	4.2	5.0
L'Aquila AM043x	0.35	5.5	5.2	5.0
L'Aquila AM043y	0.35	4.6	4.3	4.5
Friaul	0.35	10.1	9.9	9.3
Friaul	0.35	9.8	9.5	10.2
Lazio	0.35	3.2	3.0	3.2
Synthetische Erdbeben				
SYNTH_1	0.35	3.8	3.5	4.1
SYNTH_2	0.35	4.4	4.3	4.2
SYNTH_3	0.35	4.2	3.8	4.2
SYNTH_4	0.35	3.5	3.5	4.1
SYNTH_5	0.35	3.4	3.1	4.0
SYNTH_6	0.35	3.3	3.0	3.7
SYNTH_7	0.35	4.3	4.0	4.7
SYNTH_8	0.35	3.5	3.3	3.5
SYNTH_9	0.35	4.2	4.1	4.2
SYNTH_10	0.35	3.5	3.3	3.3
Mittelwert		4.7	4.5	4.8
5% Fraktilwert		3.3	3.0	3.3
=> q-Wert		3.0	3.0	3.0

Die Ergebnisse der in den vergangenen Abschnitten beschriebenen Berechnungen können Tabelle 6-6 sowie Bild 6-8 entnommen werden.

Im Rahmen dieses Forschungsvorhabens werden für die Bauweise die oben angegebenen q-Werte vorgeschlagen, welche sich am 5%-Fraktilwert der ermittelten Werte orientieren. Die Werte sind damit konservativ. Bei genauerer Betrachtung der Versagenswahrscheinlichkeiten könnte ebenso auf den Mittelwert der Ergebnisse übergegangen werden. Es sollte jedoch ein einfaches und aussagekräftiges Verfahren angewendet werden, welches die schnelle Bewertung neuartiger Bauweisen zulässt. Weitergehende Sicherheitsbetrachtungen wurden daher nicht durchgeführt.

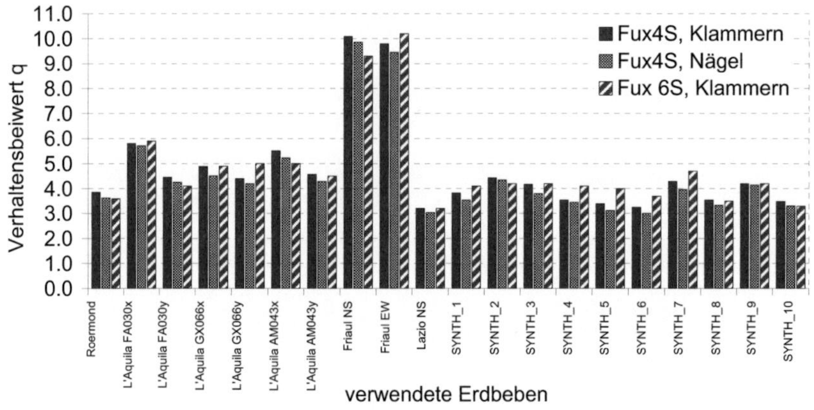

Bild 6-8   q-Werte für die untersuchten Bauweisen

Die auffällig hohen Werte bei den Beben Friaul NS und Friaul EW können mit deren inelastischen Antwortspektren (Bild 11-12 und Bild 11-13) erklärt werden: Bei Ansatz von Duktilitäten ist ein starker Abfall der Systemantwort gegenüber der elastischen Antwort zu beobachten. Die Antwortspektren der Friaul-Beben weisen bei kleinen Perioden (bis 0.2 s) starke Beschleunigungen auf, während die anderen verwendeten Beben eher zwischen 0.3 und 0.5 s starke Beschleunigungen zeigen. Im Bereich der Eigenschwingzeiten der untersuchten Strukturen (ca. 0.4 s, Tabelle 6-3) sind dann wiederum deutlich kleinere Beschleunigungen abzulesen als bei anderen Beben.

6.2.5   Diskussion der Vorgehensweise

Die in Europa „traditionell" verwendeten kraftbasierten Verfahren weisen eine Reihe von Nachteilen auf, die kurz diskutiert werden sollen (Filiatrault und Folz (2002)).

Ein Kritikpunkt an kraftbasierten Verfahren ist, dass die Bemessung mit einer Schätzung der Eigenperiode bzw. -frequenz des Bauwerks beginnt. Die in EC8 angegebenen Schätzformeln für die Eigenperiode der Bauwerke sind jedoch nicht ohne weiteres auf Holzbauten übertragbar. Eine falsche Annahme der Eigenperiode führt zu falschen Erdbebenersatzlasten.

Die für Holzbauten angenommenen Verhaltensbeiwerte q sind nach Filiatrault und Folz (2002) grundsätzlich Schätzwerte, die von den Annahmen für das jeweilige Modell abhängig sind. Die Verhaltensbeiwerte werden auf Grundlage von Versuchen an Wandelementen oder Teilen von Strukturen ermittelt. Das Verhalten eines realen Bauwerks wird sich jedoch vom Verhalten der untersuchten Struktur unterscheiden, die Angabe eines Verhaltensbeiwertes für die Gesamtstruktur wird dadurch erschwert.

Eine Verformungsbegrenzung ist sowohl im Grenzzustand der Tragfähigkeit als auch im Grenzzustand der Gebrauchstauglichkeit bei der Erdbebenbemessung mittels kraftbasierten Verfahren nicht vorgesehen. Während die Begrenzung der Verformungen im Grenzzustand der Tragfähigkeit, also bei starken Erdbeben eine untergeordnete Rolle spielt, ist die Verformungsbegrenzung bei leichteren Erdbeben durchaus wichtig. Schäden an Holzbauten nach Erdbebeneinwirkung zeigen, dass selbst bei leichten Erdbeben starke Verformungen stattfinden und die Schäden an Holzbauten vergleichsweise hoch sind.

Bei der Ermittlung von q-Faktoren ist der Übergang vom linear-elastischen ins plastische Materialverhalten von Bedeutung. Die Festlegung einer solchen Fließverschiebung ist für Holzbauten jedoch schwierig und nicht einheitlich geregelt.

Bei kritischem Hinterfragen des gewählten Vorgehens können die genannten Kritikpunkte noch ausgeweitet werden.

Durch die Abbildung (Kalibrierung) der Hystereseschleifen ist auch das gewählte Modell von ingenieurmäßigen Annahmen abhängig. Die gewählten Steifigkeiten und Verschiebungen in der Kalibrierung haben großen Einfluss auf das Verhalten der Struktur. Die Übereinstimmung der kumulierten Energiedissipation (z.B. Bild 6-7) ließe sich theoretisch auch mit einer anderen Form der Hystereseschleife erreichen.

Im Modell ist lediglich das Verhalten der aussteifenden Wandscheiben über deren aufnehmbare Höchstlast berücksichtigt. Die Verankerung der Wände sowie die Decken wurden als „starr" angenommen. Weiterhin sind keine Torsionseffekte berücksichtigt.

Dem gegenüber stehen die Vorteile des beschriebenen Vorgehens, welche nachfolgend aufgeführt sind:

Mittels der beschriebenen numerischen Modellierung können relativ schnell Basiswerte für den Verhaltensbeiwert q geschaffen werden, die durch die konservative Versuchsdurchführung und konservative Annahmen abgesichert sind.

Auf Grundlage weniger, einfacher Wandscheibenversuche kann eine grundsätzliche Aussage zum Verhalten von Wandbauweisen getroffen werden, aufwändige Versuche (z.B. Shake Table, Pseudodynamik) entfallen.

Durch wenige Bauteilversuche sowie durch die relativ schnelle Modellierung können in kurzer Zeit Planungs- und Entwurfsgrundlagen für den Einsatz neuartiger Bauweisen in erdbebengefährdeten Gebieten geschaffen werden. Dies erhöht die Marktchancen für solche Bauweisen im europäischen Ausland sowie weltweit.

Die ermittelten q-Werte sind keine ingenieurmäßigen Annahmen, sondern mit Hilfe von 20 verwendeten Beschleunigungs- Zeit- Verläufen rechnerisch ermittelte und verifizierte Werte. Durch die große Anzahl an Berechnungen ist der Basiswert in jedem Falle abgesichert.

Durch Vergleich der Resultate können die Schwachstellen einzelner Bauweisen unter Erdbebenbelastung besser identifiziert werden. Die Weiterentwicklung z.B. von Verbindungsmitteln und dissipativen Bereichen kann gezielt betrieben werden.

Das Abbruchkriterium für die Berechnung ist die Stockwerksverschiebung. Diese kann durch die Skalierung der verwendeten Erdbeben gesteuert werden und die Schädigungsintensität festgelegt werden. So können kleinere Stockwerksverschiebungen für Gebrauchstauglichkeitskriterien gewählt werden, größere können zugelassen werden, wenn lediglich die Standsicherheit des Gebäudes gewahrt bleiben soll.

Das Verfahren ist wesentlich genauer als die Angabe einer statischen Duktilität, da es die Energiedissipation des Bauteils berücksichtigt. Die Angabe der Fließverschiebung entfällt.

Die Vorgensweise kann je nach Anforderung erweitert werden. So können zur Untersuchung komplexerer Strukturen dreidimensionale Modell verwendet werden, weiterhin können zusätzliche Elemente z.B. zur Simulation der asymmetrischen Hysterese der Zuganker verwendet werden.

7 Zusammenfassung und Ausblick

Eine kontinuierliche Veränderung hinsichtlich statisch-konstruktiver und produktions-technischer Aspekte ist auf dem Gebiet der Holzbauweisen zu beobachten. Für Erdbebengebiete sind die Holzbauweisen aufgrund ihres geringen Eigengewichts sowie ihrer gutmütigen Eigenschaften unter seismischen Lasten gut geeignet.

Im vorliegenden Forschungsbericht wurde die Massivholz-Paneelbauweise der Firma Lignotrend GmbH hinsichtlich ihrer Eigenschaften unter Erdbebenlasten untersucht. Die Bauweise ist eine Weiterentwicklung der Brettsperrholzbauweise, die aufgrund ihrer Flexibilität und ihres Aufbaus besonders für den Einsatz in Erdbebengebieten geeignet ist. Die Bauweise vereint die hervorragenden Steifig-keitseigenschaften der Brettsperrholzbauwese mit der durch die große Zahl mechanischer Verbindungsmittel hervorgerufenen Duktilität. Damit kann die Bauweise Energie sowohl an den vertikalen Stößen der Paneele als auch an den horizontalen Fugen zwischen den Paneelen und Schwelle bzw. Rähm dissipieren.

Zu Beginn des Berichts wurde die Massivholz-Paneelbauweise anderen bekannten Holzbauweisen gegenübergestellt und auf Gemeinsamkeiten und Unterschiede eingegangen.

Duktilität und Energiedissipation als Grundlagen des gutmütigen Verhaltens von Holzbauten unter Erdbebenlasten wurden dargestellt. Ebenso wurden Hintergründe und Berechnungsmethoden für den Lastfall Erdbeben aufgezeigt sowie auf die derzeitige Normung von Holzbauten unter Erdbebenlasten eingegangen.

Voraussetzung für das duktile Verhalten einer Bauweise und deren Fähigkeit zur Energiedissipation sind die verwendeten mechanischen Verbindungsmittel. Nachdem die existierenden Prüfverfahren vorgestellt sowie deren Hintergrunde beleuchtet wurden, wurde auf den Karlsruher Wandscheibenprüfstand eingegan-gen. Im ersten Teil der experimentellen Untersuchungen wurden die Eigenschaften der Verbindungen als grundlegendes Element für Duktilität und Energiedissipation untersucht. Es wurden die Verbindungsmittel für die Paneele untereinander sowie die Zuganker unter statisch-monotonen und zyklischen Lasten untersucht. Hierbei wurden sowohl Erkenntnisse über das Verhalten der Verbindungsmittel unter wiederholten Lasten, als auch wichtige Kalibrierdaten für die später erstellten numerischen Modelle gewonnen.

Die experimentellen Untersuchungen wurden auf Wandscheiben in Originalgröße erweitert. Hier wurde ebenfalls mittels statisch-monotonen und zyklischen Versu-chen der Einsatz unter seismischen Lasten nachgestellt und Details der Wandscheiben entsprechend verbessert. Art und Anzahl der Verbindungsmittel wurden ebenso variiert wie die verwendeten Zuganker. Im Projektverlauf wurden die Elemente für die besonderen Anforderungen unter Erdbebenlasten weiterentwickelt. An den veränderten Elementen wurden ebenfalls eine große Anzahl an Versuchen durchgeführt, um die Eignung sowie die verbesserten Eigenschaften zu bestätigen.

Mit Hilfe eines numerischen Modells wurde das Verhalten der Bauweise unter statisch-monotonen sowie zyklischen Lasten berechnet. Mit Hilfe eines einfachen, in kommerziellen Finite-Elemente-Programmen enthaltenen Federmodelles kann das Verhalten der Verbindungsmittel sowie der Zuganker gut nachgestellt werden. Auf Grundlage der Federmodelle konnte das Verhalten ganzer Wandscheiben zutreffend berechnet werden. Veränderungen an mechanischen Verbindungsmitteln oder an Zugankern können nun vorab numerisch berechnet werden, bei zukünftigen Untersuchungen können die notwendigen Versuche auf ein Minimum beschränkt werden. Mit den Modellen ganzer Wandscheiben können Aussagen über den Verlauf der Last-Verformungskurve und über die Form der Hysteresekurve getroffen werden. Somit kann anhand der Ergebnisse auf das Tragverhalten ganzer Gebäude in der Bauweise geschlossen werden.

Mit Hilfe eines zweiten numerischen Modells wurde das Erdbebenverhalten der Bauweise untersucht. So konnte der für die Tragwerksplanung wichtige Verhaltensbeiwert schlüssig bestimmt werden. Das beschriebene Verfahren berücksichtigt sowohl die Duktilität als auch die Energiedissipation der Bauweise, was in bisher gebräuchlichen Verfahren nicht der Fall war. Somit kann eine umfassende Aussage über den Verhaltensbeiwert dieses multifunktionalen Massivholzwandsystems getroffen werden. Dieser stellt eine wichtige Kenngröße für die Verwendung der Bauweise in erdbebengefährdeten Gebieten dar und ist eine wichtige Grundlage für den weltweiten Export der Bauweise.

Die zu Beginn des Berichtes beschriebenen verschiebungs- oder verformungsbasierten Verfahren berücksichtigen explizit die im Bauwerk entstehenden Verschiebungen. Anhand vorgegebener Maximalverschiebungen für die Stockwerke eines Gebäudes kann so die erforderliche Steifigkeit ermittelt werden. Die im Zuge der Weiterentwicklung veränderte Geometrie bietet die Möglichkeit, die vertikalen Stöße zwischen den Elementen mit bis zu vierschnittigen Verbindungen auszuführen. Damit können Steifigkeit und Traglast einer Wandscheibe sehr genau den Erfordernissen angepasst werden. Mit Hilfe der numerischen Modelle kann das Verhalten der Wandscheiben zutreffend berechnet werden. Mit den im Rahmen dieser Forschungsarbeit geschaffenen Grundlagen ist die Anwendung dieser modernen Bemessungsmethoden problemlos möglich.

8   Literatur, Normen und Hilfsmittel

ANSYS, Release 13.0, 2010 SAS IP

Bachmann, H. (2002): Erdbebensicherung von Bauwerken, Birkhäuser Verlag, Berlin, 2. Auflage

Blasetti, A.S.; Hoffman, R. M.; Dinehart, D. W. (2008): Simplified hysteretic Finite-Element model for wood and viscoelastic polymer connections for the dynamic analysis of shear walls. ASCE Journal of Structural Engineering Journal of Structural Engineering, Vol. 134, No. 1, January 1, 2008

Blaß, H.J.; Görlacher, R.: Bemessung im Holzbau – Brettsperrholz. Berechnungs-grundlagen, Holzbaukalender 2003. Bruderverlag, Karlsruhe 2003, S. 580-598

Blaß, H.J.; Uibel, T. (2007): Tragfähigkeit von stiftförmigen Verbindungsmitteln in Brettsperrholz. Band 8 der Reihe Karlsruher Berichte zum Ingenieurholzbau, Universitätsverlag Karlsruhe

Blume, J. A.; Newmark, N. M.; Corning, L. H. (1961): Design of multistory reinforced concrete buildings for earthquake motions. Portland Cement Association Chicago, Illinois

Brucker, J. (1998): Holzsysteme im Wohnungsbau. Hrsg.: Wirtschaftsministerium Baden-Württemberg, Schwäbische Druckerei GmbH Stuttgart (1998)

Ceccotti, A. (1995): Holzverbindungen unter Erdbebenbeanspruchungen. In: Holzbauwerke STEP 1 – Bemessung und Baustoffe. Hrsg.: Blaß, H.J., Görlacher, R., Steck, G., Fachverlag Holz, Düsseldorf

Ceccotti, A. (2008): New Technologies for Construction of Medium-Rise Buildings in Seismic Regions: The XLAM Case. In: Structural Engineering International (IABSE), May 2008, S. 156 -165

Ceccotti, A.; Vignoli, A. (1989): A hysteretic behavioural model for semi-rigid joints. European Earthquake Engineering, 3

Dazio, A. (2004): Antwortspektren. In: Erdbebenbemessung mit den neuen SIA Tragwerksnormen, Tagungsband des SGEB-Fortbildungskurs vom 7. Okt. 2004, Zürich

Deutsches Institut für Bautechnik (DIBt) (2005): Europäisch Technische Zulassung ETA-05/0211 für Lignotrend - Brettsperrholzelemente. Geltungsdauer vom 30.11.2005 bis 29.11.2010

Deutsches Institut für Bautechnik (DIBt) (2007): Allgemeine bauaufsichtliche Zulassung Z-9.1-677: HIB- Holzelement- Bauweise, Geltungsdauer bis 09/2012

Deutsches Institut für Bautechnik (DIBt) (2008): Allgemeine bauaufsichtliche Zulassung Z-9.1-555 für Lignotrend- Elemente. Geltungsdauer bis 06/2013

DIN 1052, Ausgabe Dezember 2008. Entwurf, Berechnung und Bemessung von Holzbauwerken – Allgemeine Bemessungsregeln für den Hochbau

DIN 1055-100, Ausgabe März 2001. Einwirkungen auf Tragwerke – Teil 100: Grundlagen der Tragwerksplanung, Sicherheitskonzept und Bemessungsregeln

DIN 4149, Ausgabe April 2005. Bauten in deutschen Erdbebengebieten – Lastannahmen, Bemessung und Ausführung üblicher Hochbauten

DIN EN 12512, Ausgabe 2005. Holzbauwerke; Prüfverfahren: Zyklische Prüfungen von Anschlüssen mit mechanischen Verbindungsmitteln

DIN EN 594, Ausgabe 1996. Holzbauwerke; Prüfverfahren: Wandscheiben – Tragfähigkeit und –Steifigkeit von Wänden in Holztafelbauart

Dujic, B.; Aicher, S.; Zarnic, R. (2005): Investigations on in-plane loaded wooden elements – influence of loading and boundary conditions. In: Otto-Graf-Journal Vol. 16, 2005

Eurocode 8: Auslegung von Bauwerken gegen Erdbeben – Teil 1: Grundlagen, Erdbebeneinwirkungen und Regeln für Hochbauten; Deutsche Fassung EN 1998 -1:2004

Eurocode 8: Auslegung von Bauwerken gegen Erdbeben – Teil 3: Beurteilung und Ertüchtigung von Gebäuden; Deutsche Fassung EN 1998-3:2005

Filiatrault, A.; Folz, B. (2002): Performance-Based Seismic Design of Wood Framed Buildings. ASCE Journal of Structural Engineering, Vol. 128, No. 1, January 1, 2002, pp. 39-47

Heiduschke, A. (2004): Seismic behavior of moment-resisting timber frames with densified and textile reinforced connections. Dissertation, Heft 7 der Schriftenreihe Konstruktiver Ingenieurbau Universität Dresden

Höhl, P. (2010): Numerische Modellierung von Wandscheiben in Massivholz-bauweise. Diplomarbeit am Lehrstuhl für Ingenieurholzbau und Baukonstruktionen der Universität Karlsruhe 2010. Unveröffentlicht

http://peer.berkeley.edu/nga/earthquakes.html Homepage des Pacific Earthquake Engineering Research Center, NGA Database

Informationsdienst Holz (2000): Holzbausysteme. Holzbauhandbuch, Reihe 1, Teil 1, Folge 4; Düsseldorf, Arge Holz e.V.

ISO 16670:2003 – Timber Structures – Joints made with mechanical fasteners – Quasi-Static reversed-cyclic test method

ISO/CD 21581 – Timber Structures – Static and cyclic lateral test method for shear walls

Krawinkler, H. et al. (2005): Hysteretic models that incorporate strength and stiffness deterioration. Earthquake Engineering and Structural Dynamics 34, 1489-1511

Müller, F.P.; Keintzel, E. (1984): Erdbebensicherung von Hochbauten. Ernst und Sohn Verlag für Architektur u. techn. Wissenschaften, Berlin. 2. Auflage

National Institute of Building Sciences (2003): National Earthquake Hazards Reduction Program – Recommended provisions for seismic regulations for new buildings and other structures (FEMA 450)

Pang, W.; Rosowsky, D. (2007): Direct Displacement Procedure for Performance-Based Seismic Design of Multistorey Woodframe Structures. Download at: www.engr.colostate.edu/NEESWood

Prakash et al. (1993): DRAIN-2DX Base Program Description and User Guide, Version 1.10, University of California, Berkeley

Priestley, M. J. N. (2000): Performance Based Seismic Design. Proceedings of the 12th World Conference on Earthquake Engineering (CD-Rom), Paper No. 2831, Auckland, Neuseeland

Studiengemeinschaft Holzleimbau e.V. (2010): Bauen mit Brettsperrholz, www.brettsperrholz.org

www.reluis.it Homepage of "The Laboratories University Network of seismic engineering (ReLuis)

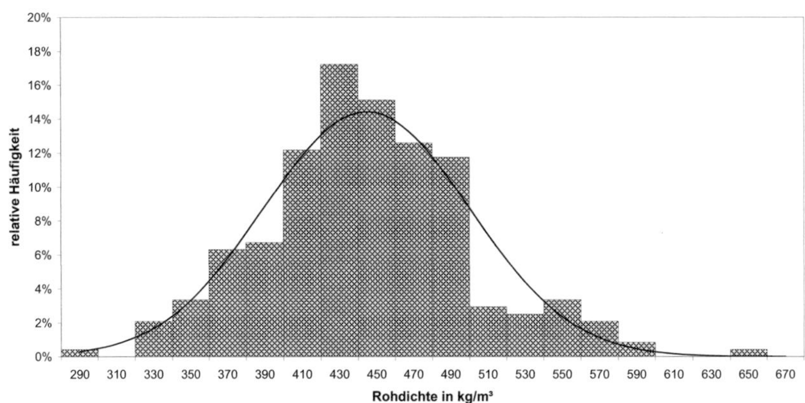

Bild 9-1   Häufigkeitsverteilung Rohdichte, Versuche mit Klammern „Längs",
30 Versuche, 238 Rohdichtewerte

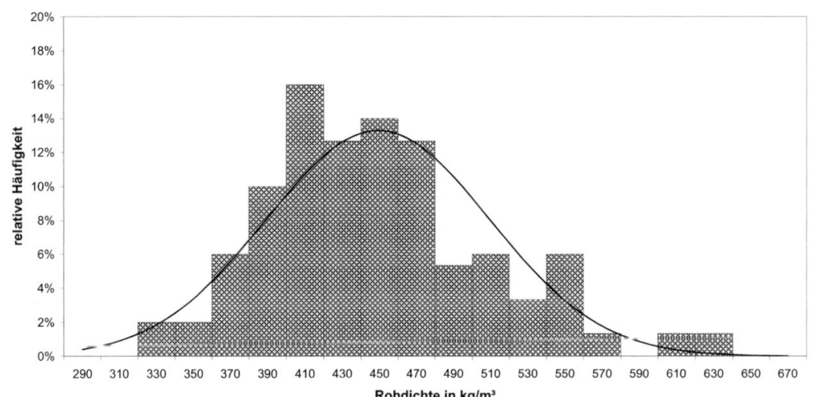

Bild 9-2   Häufigkeitsverteilung Rohdichte, Versuche mit Nägeln „Längs",
15 Versuche, 150 Rohdichtewerte

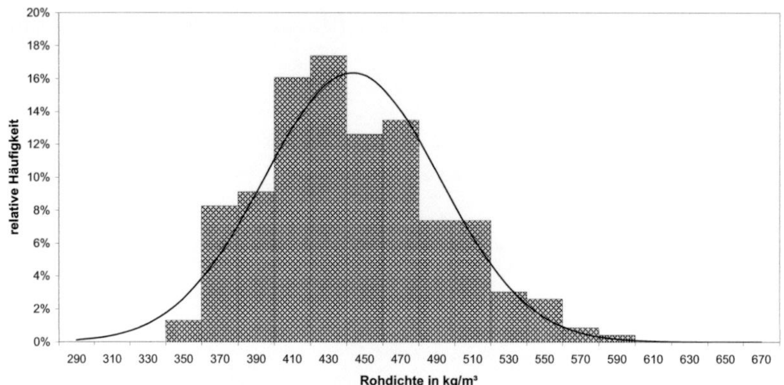

Bild 9-3   Häufigkeitsverteilung Rohdichte, Versuche mit Klammern „Quer",
             30 Versuche, 230 Rohdichtewerte

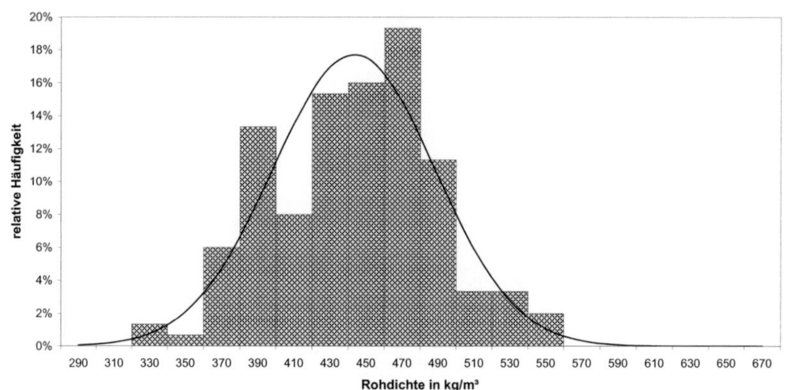

Bild 9-4   Häufigkeitsverteilung Rohdichte, Versuche mit Nägeln „Quer",
             15 Versuche, 150 Rohdichtewerte

Tabelle 9-1 Übersicht über die Rohdichtekennwerte

Prüfkörper	Anzahl Werte	Rohdichte in kg/m^3			Holzfeuchte in %	
		Mittelwert	Standard-abweichung	5%-Quantil	Mittelwert	Standard-abweichung
Klammern, Längs	238	445	55,3	358	11,0	1,66
Nägel, Längs	150	449	60,0	365	11,3	1,29
Klammern, Quer	230	443	48,7	368	10,2	0,81
Nägel, Quer	150	443	45,0	373	10,3	0,97
Gesamt	768	445	52,5	366	10,7	1,53

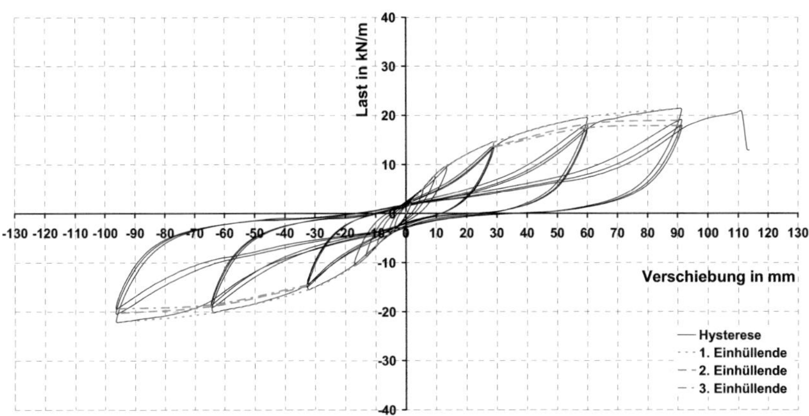

Bild 10-1   Last-Verschiebungsdiagramm ZYK_10_1

Tabelle 10-1   Versuchsergebnisse ZYK_10_1

LIG_ZYK_10_1	Versuchsergebnisse des zyklischen Versuches		
maximale Verschiebung aus monotonem Versuch	u_{max} = 160 mm	Verbindungsmittel	Schrauben 4.0 x 50 mm, a_1 = 100 mm, a_2 = 30 mm in Koppelbrett Vollholz
Verschiebungsgeschwindigkeit für zyklischen Versuch	d_r = 100 mm/min		
Gesamtdauer des Versuches	t_{tot} = 27 min	Zuganker	je 2 x TYP A an den Wandenden
Äquivalente hysteretische Dämpfung	v_{ed} = Ed/(2*pi*Epot)	*) Wandlänge = 2,5 m	Grau unterlegte Felder: F_{max} und u_{max}

% von u_{max}	Erste Einhüllende						Zweite Einhüllende						Dritte Einhüllende					
	Positiv			Negativ			Positiv			Negativ			Positiv			Negativ		
	mm	kN/m *)	v_{ed} in %	mm	kN/m *)	v_{ed} in %	mm	kN/m *)	v_{ed} in %	mm	kN/m *)	v_{ed} in %	mm	kN/m *)	v_{ed} in %	mm	kN/m *)	v_{ed} in %
1.25	0.0	0.01		-3.7	-3.08													
2.50	1.9	2.31		-5.5	-4.07													
5.00	5.5	5.09		-9.5	-6.31													
7.50	8.9	7.51	11.1	-13.3	-8.88	12.6												
10	13.0	9.59	13.9	-16.5	-10.48	11.0												
20	28.9	14.53	15.0	-32.3	-15.48	15.0	28.2	13.58	11.6	-32.9	-14.86	10.1	29.0	13.53	10.7	-32.4	-14.51	10.6
40	58.8	19.49	16.0	-63.8	-20.12	15.8	60.1	18.23	10.2	-64.6	-18.90	9.3	59.6	17.41	10.0	-64.5	-18.53	8.6
60	90.1	21.35	14.0	-95.0	-22.06	13.7	91.4	19.00	10.4	-96.4	-20.29	9.7	91.5	17.91	9.8	-96.4	-19.37	9.2

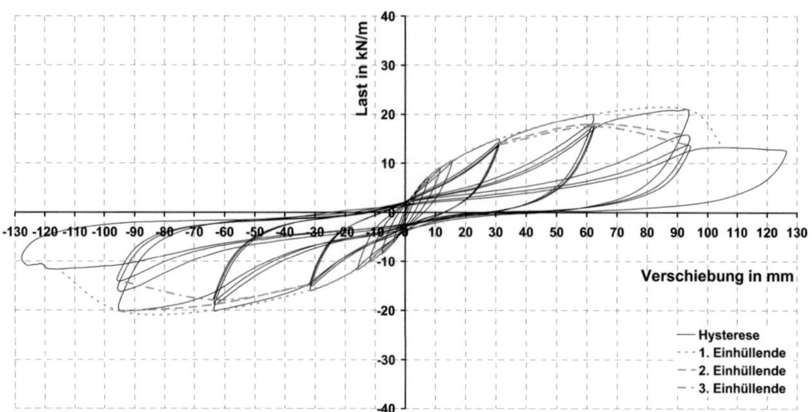

Bild 10-2   Last-Verschiebungsdiagramm ZYK_10_2

Tabelle 10-2   Versuchsergebnisse ZYK_10_2

LIG_ZYK_10_2	Versuchsergebnisse des zyklischen Versuches		
maximale Verschiebung aus monotonem Versuch	u_{max} = 160 mm	Verbindungsmittel	Schrauben 4.0 x 50 mm, a_1 = 100 mm, a_2 = 30 mm in Koppelbrett BFU
Verschiebungsgeschwindigkeit für zyklischen Versuch	d_r = 100 mm/min		
Gesamtdauer des Versuches	t_{tot} = 30 min	Zuganker	je 2 x TYP A an den Wandenden
Äquivalente hysteretische Dämpfung	v_{ed} = Ed/(2*pi*Epot)	*) Wandlänge = 2,5 m	Grau unterlegte Felder: F_{max} und u_{max}

	Erste Einhüllende						Zweite Einhüllende						Dritte Einhüllende					
	Positiv			Negativ			Positiv			Negativ			Positiv			Negativ		
% von u_{max}	mm	kN/m *)	v_{ed} in %	mm	kN/m *)	v_{ed} in %	mm	kN/m *)	v_{ed} in %	mm	kN/m *)	v_{ed} in %	mm	kN/m *)	v_{ed} in %	mm	kN/m *)	v_{ed} in %
1.25	1.3	2.03		-1.9	-3.74													
2.50	3.7	4.46		-3.9	-6.00													
5.00	7.8	7.19		-7.4	-8.23													
7.50	11.5	9.04	14.9	-11.2	-9.91	14.8												
10	15.5	10.46	14.4	-15.6	-11.58	13.0												
20	30.0	14.77	15.8	-31.6	-15.86	14.9	30.8	14.18	12.5	-30.9	-15.02	11.6	31.1	13.80	11.8	-31.7	-14.90	10.6
40	61.8	20.04	17.4	-63.4	-20.02	15.7	61.4	18.04	11.2	-63.1	-18.86	10.7	62.4	17.51	10.3	-62.7	-17.89	9.7
60	93.3	21.05	15.5	-94.8	-20.17	15.2	93.4	15.80	12.4	-95.0	-16.16	10.8	93.5	13.80	11.0	-94.9	-14.09	9.7
80	105.1	13.30	15.7	-115.9	-11.65	17.9												

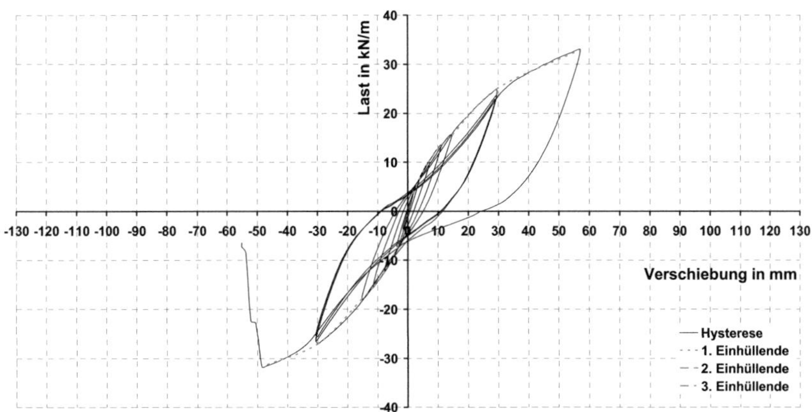

Bild 10-3   Last-Verschiebungsdiagramm ZYK_10_3

Tabelle 10-3   Versuchsergebnisse ZYK_10_3

LIG_ZYK_10_3	Versuchsergebnisse des zyklischen Versuches		
maximale Verschiebung aus monotonem Versuch	u_{max} = 160 mm	Verbindungsmittel	Schrauben 4.0 x 70 mm, a_1 = 50 mm, a_2 = 30 mm in Koppelbrett BFU
Verschiebungsgeschwindigkeit für zyklischen Versuch	d_r = 100 mm/min		
Gesamtdauer des Versuches	t_{tot} = 8 min	Zuganker	je 2 x TYP A an den Wandenden
Äquivalente hysteretische Dämpfung	v_{ed} = Ed/(2*pi*Epot)	*) Wandlänge = 2,5 m	Grau unterlegte Felder: F_{max} und u_{max}

	Erste Einhüllende						Zweite Einhüllende						Dritte Einhüllende					
	Positiv			Negativ			Positiv			Negativ			Positiv			Negativ		
% von u_{max}	mm	kN/m *)	v_{ed} in %	mm	kN/m *)	v_{ed} in %	mm	kN/m *)	v_{ed} in %	mm	kN/m *)	v_{ed} in %	mm	kN/m *)	v_{ed} in %	mm	kN/m *)	v_{ed} in %
1.25	1.7	3.64		-1.5	-3.72													
2.50	3.8	6.50		-3.3	-7.11													
5.00	6.7	10.00		-7.7	-12.30													
7.50	11.2	13.50	10.9	-11.5	-15.44	13.6												
10	14.7	15.52	11.9	-15.3	-17.89	9.9												
20	29.4	24.95	13.1	-29.9	-26.96	9.8	29.5	23.60	10.8	-30.7	-26.44	9.9	28.9	22.87	10.3	-30.0	-25.56	9.8
40	57.1	32.93	14.9	-48.6	-31.64													

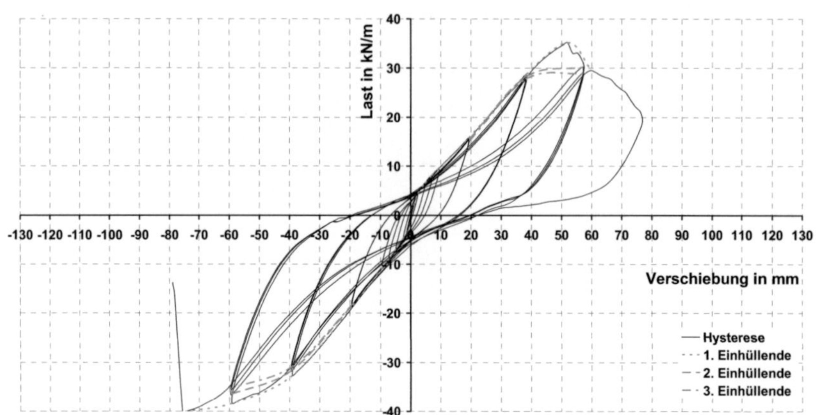

Bild 10-4   Last-Verschiebungsdiagramm ZYK_10_3B

Tabelle 10-4   Versuchsergebnisse ZYK_10_3B

LIG_ZYK_10_3B	Versuchsergebnisse des zyklischen Versuches		
maximale Verschiebung aus monotonem Versuch	u_{max} = 160 mm	Verbindungsmittel	Schrauben 4.0 x 70 mm, a_1 = 50 mm, a_2 = 30 mm in Koppelbrett BFU
Verschiebungsgeschwindigkeit für zyklischen Versuch	d_r = 100 mm/min		
Gesamtdauer des Versuches	t_{tot} = 8 min	Zuganker	je 2 x TYP A an den Wandenden
Äquivalente hysteretische Dämpfung	v_{ed} = Ed/(2*pi*Epot)	*) Wandlänge = 2,5 m	Grau unterlegte Felder: F_{max} und u_{max}

	Erste Einhüllende						Zweite Einhüllende						Dritte Einhüllende					
	Positiv			Negativ			Positiv			Negativ			Positiv			Negativ		
% von u_{max}	mm	kN/m *)	v_{ed} in %	mm	kN/m *)	v_{ed} in %	mm	kN/m *)	v_{ed} in %	mm	kN/m *)	v_{ed} in %	mm	kN/m *)	v_{ed} in %	mm	kN/m *)	v_{ed} in %
1.25	1.0	1.96		-1.2	-2.98													
2.50	2.4	4.44		-2.4	-4.52													
5.00	4.7	6.54		-4.9	-6.77													
7.50	6.9	8.12	17.5	-7.1	-8.73													
10	9.0	9.39	17.9	-9.2	-10.51													
20	19.2	15.70	14.9	-19.4	-18.79	12.8	19.5	15.53	14.7	-19.6	-18.62	12.3	19.5	15.17	14.7	-18.8	-17.95	12.5
40	38.2	28.71	12.6	-39.1	-32.64	11.9	38.2	28.27	11.0	-39.5	-31.69	10.1	38.1	27.78	10.6	-38.7	-30.65	9.9
60	52.0	35.16	16.9	-59.1	-38.39	13.2	57.2	30.18	10.8	-59.6	-36.53	9.6	57.3	28.95	9.9	-59.6	-35.33	9.1
80	59.8	29.53	23.0	-75.7	-40.14													

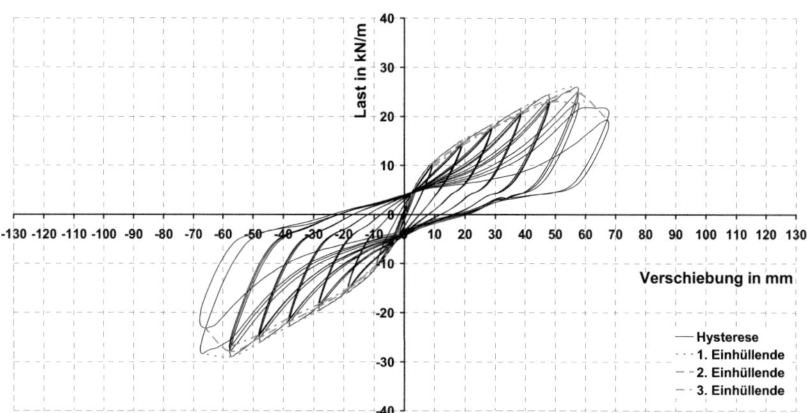

Bild 10-5　　　　　Last-Verschiebungsdiagramm ZYK_10_4

Tabelle 10-5　　　　　Versuchsergebnisse ZYK_10_4

LIG_ZYK_10_4	Versuchsergebnisse des zyklischen Versuches				
maximale Verschiebung aus monotonem Versuch	u_{max} = 50 mm	Verbindungsmittel	Klammern 1,53 x 55 mm, a_1 = 50 mm, a_2 = 30 mm in Koppelbrett NH		
Verschiebungsgeschwindigkeit für zyklischen Versuch	d_r = 100 mm/min				
Gesamtdauer des Versuches	t_{tot} = 32 min	Zuganker	je 2 x TYP A an den Wandenden		
Äquivalente hysteretische Dämpfung	v_{ed} = Ed/(2*pi*Epot)	*) Wandlänge = 2,5 m	Grau unterlegte Felder: F_{max} und u_{max}		

	Erste Einhüllende						Zweite Einhüllende						Dritte Einhüllende					
	Positiv			Negativ			Positiv			Negativ			Positiv			Negativ		
% von u_{max}	mm	kN/m *)	v_{ed} in %	mm	kN/m *)	v_{ed} in %	mm	kN/m *)	v_{ed} in %	mm	kN/m *)	v_{ed} in %	mm	kN/m *)	v_{ed} in %	mm	kN/m *)	v_{ed} in %
1.25	0.5	0.19		-0.4	-1.10													
2.50	1.0	2.28		-1.0	-1.62													
5.00	2.2	3.69		-1.8	-3.65													
7.50	3.4	5.67	6.0	-3.1	-5.23	10.1												
10	4.0	6.36	7.7	-4.3	-6.57	8.3												
20	9.1	10.42	9.9	-9.2	-10.61	10.2	9.4	10.22	9.3	-9.3	-10.43	8.5	9.3	9.66	9.4	-8.6	-9.91	9.6
40	18.6	14.87	12.0	-18.5	-15.83	12.6	19.0	14.52	10.1	-18.7	-15.32	10.2	19.2	14.08	10.2	-17.9	-14.73	10.7
60	28.3	18.17	12.9	-28.2	-19.45	12.7	28.6	17.66	10.0	-28.4	-18.82	10.4	29.0	17.51	9.8	-27.5	-18.03	10.4
80	38.1	21.52	12.1	-37.9	-22.69	12.2	38.6	20.89	10.3	-38.2	-21.93	10.2	38.6	20.49	9.9	-38.2	-21.11	10.1
100	47.5	24.38	11.7	-47.6	-25.94	12.2	48.0	23.55	10.1	-48.0	-25.15	9.8	48.2	22.92	9.8	-48.1	-24.53	9.6
120	56.8	26.02	11.2	-57.3	-28.95	11.3	57.4	24.88	9.9	-57.8	-27.87	9.5	57.8	22.72	10.1	-58.0	-26.97	9.2
140	60.1	21.86	12.8	-67.2	-28.37	11.5	67.5	19.30	11.0	-66.1	-23.16	11.4						

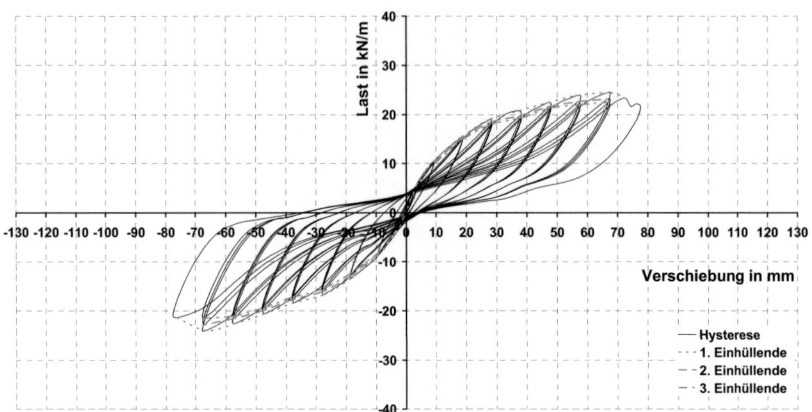

Bild 10-6   Last-Verschiebungsdiagramm ZYK_10_5

Tabelle 10-6   Versuchsergebnisse ZYK_10_5

LIG_ZYK_10_5		Versuchsergebnisse des zyklischen Versuches			
maximale Verschiebung aus monotonem Versuch	u_{max} = 50 mm	Verbindungsmittel	Klammern 1,53 x 55 mm, a_1 = 50 mm, a_2 = 30 mm in Koppelbrett NH		
Verschiebungsgeschwindigkeit für zyklischen Versuch	d_r = 100 mm/min				
Gesamtdauer des Versuches	t_{tot} = 38 min	Zuganker	je 2 x TYP A an den Wandenden		
Äquivalente hysteretische Dämpfung	v_{ed} = Ed/(2*pi*Epot)	*) Wandlänge = 2,5 m	Grau unterlegte Felder: F_{max} und u_{max}		

	Erste Einhüllende						Zweite Einhüllende						Dritte Einhüllende					
	Positiv			Negativ			Positiv			Negativ			Positiv			Negativ		
% von u_{max}	mm	kN/m *)	v_{ed} in %	mm	kN/m *)	v_{ed} in %	mm	kN/m *)	v_{ed} in %	mm	kN/m *)	v_{ed} in %	mm	kN/m *)	v_{ed} in %	mm	kN/m *)	v_{ed} in %
1.25	0.5	0.88		-0.4	-0.77													
2.50	1.0	2.30		-1.0	-0.97													
5.00	2.3	3.80		-1.8	-2.45													
7.50	3.5	5.69	5.9	-3.0	-3.62	14.4												
10	4.6	6.36	6.7	-4.2	-4.65	12.2												
20	9.2	10.40	8.2	-9.3	-8.50	11.7	9.4	10.34	7.6	-9.4	-8.35	10.7	9.4	9.97	7.4	-8.7	-7.80	10.7
40	18.5	15.35	10.7	-18.5	-13.34	14.0	18.8	15.18	8.4	-18.6	-12.87	11.4	18.9	14.96	8.0	-18.5	-12.33	11.4
60	27.8	19.07	10.4	-27.8	-16.75	13.6	28.3	18.46	8.6	-28.1	-16.10	10.7	28.5	18.01	8.2	-28.2	-15.54	10.7
80	37.4	20.79	10.7	-37.4	-18.31	14.1	37.9	19.80	8.7	-37.9	-17.70	10.2	38.2	19.39	8.7	-38.1	-17.25	10.2
100	47.0	22.44	9.5	-47.2	-20.57	12.4	47.5	21.68	8.7	-47.7	-19.92	9.6	48.0	21.35	8.7	-48.0	-19.45	9.6
120	56.6	23.88	9.1	-56.9	-22.54	11.2	57.0	22.63	8.3	-57.3	-21.51	9.1	57.5	22.04	8.3	-57.7	-21.03	9.1
140	67.6	24.43	8.4	-66.5	-23.97	10.3	66.7	23.18	7.8	-67.1	-22.80	9.0	67.3	22.54	7.8	-67.6	-21.50	9.0
160	72.7	23.32	9.7	-76.4	-21.35	10.8												

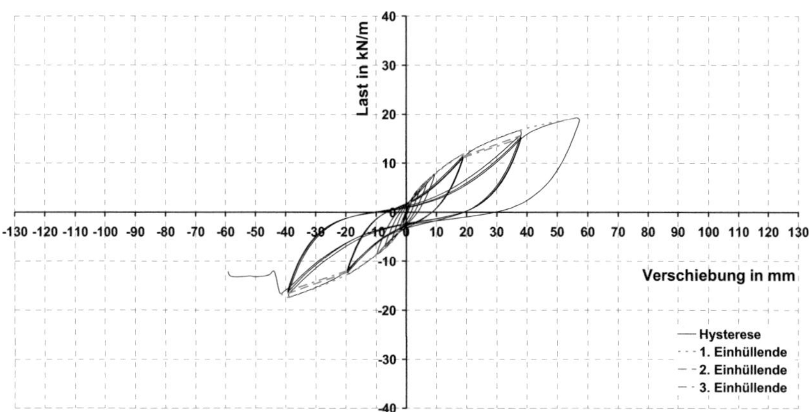

Bild 10-7 Last-Verschiebungsdiagramm ZYK_0_1

Tabelle 10-7 Versuchsergebnisse ZYK_0_1

LIG_ZYK_0_1	Versuchsergebnisse des zyklischen Versuches				
maximale Verschiebung aus monotonem Versuch	u_{max} = 100 mm	Verbindungsmittel	Schrauben 4,0 x 50 mm, a_1 = 100 mm, a_2 = 30 mm in Koppelbrett NH		
Verschiebungsgeschwindigkeit für zyklischen Versuch	d_r = 100 mm/min				
Gesamtdauer des Versuches	t_{tot} = 11 min	Zuganker	je 2 x TYP A an den Wandenden		
Äquivalente hysteretische Dämpfung	v_{ed} = Ed/(2*pi*Epot)	*) Wandlänge = 2,5 m	Grau unterlegte Felder: F_{max} und u_{max}		

	Erste Einhüllende						Zweite Einhüllende						Dritte Einhüllende					
	Positiv			Negativ			Positiv			Negativ			Positiv			Negativ		
% von u_{max}	mm	kN/m *)	v_{ed} in %	mm	kN/m *)	v_{ed} in %	mm	kN/m *)	v_{ed} in %	mm	kN/m *)	v_{ed} in %	mm	kN/m *)	v_{ed} in %	mm	kN/m *)	v_{ed} in %
1.25	1.1	1.78		-1.1	-2.11													
2.50	2.2	3.12		-2.4	-3.81													
5.00	4.2	4.83		-4.6	-5.77													
7.50	6.2	6.12	13.2	-6.7	-7.09	13.6												
10	9.4	7.71	13.1	-9.7	-8.37	12.3												
20	18.4	11.67	15.8	-19.1	-12.61	15.2	18.8	11.35	12.0	-19.5	-12.28	10.8	19.0	11.15	11.5	-19.6	-11.97	10.4
40	37.5	16.65	16.2	-38.8	-17.35	15.2	37.9	15.60	10.6	-39.2	-16.61	9.0	38.0	15.08	9.7	-39.3	-16.09	8.6
60	56.5	19.31	13.6	-41.9	-16.48	8.9												

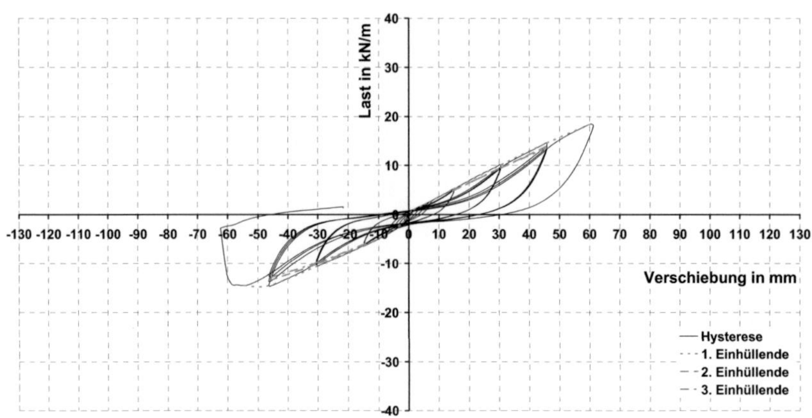

Bild 10-8   Last-Verschiebungsdiagramm ZYK_0_1B

Tabelle 10-8   Versuchsergebnisse ZYK_0_1B

LIG_ZYK_0_1B			Versuchsergebnisse des zyklischen Versuches							
maximale Verschiebung aus monotonem Versuch		u_{max} = 50 mm	Verbindungsmittel		Klammern 1,53 x 55 mm, a_1 = 50 mm, a_2 = 30 mm in Koppelbrett NH					
Verschiebungsgeschwindigkeit für zyklischen Versuch		d_r = 100 mm/min								
Gesamtdauer des Versuches		t_{tot} = 16 min	Zuganker		je 2 x TYP A an den Wandenden					
Äquivalente hysteretische Dämpfung		v_{ed} = Ed/(2*pi*Epot)	*) Wandlänge = 2,5 m		Grau unterlegte Felder: F_{max} und u_{max}					

	Erste Einhüllende						Zweite Einhüllende						Dritte Einhüllende					
	Positiv			Negativ			Positiv			Negativ			Positiv			Negativ		
% von u_{max}	mm	kN/m *)	v_{ed} in %	mm	kN/m *)	v_{ed} in %	mm	kN/m *)	v_{ed} in %	mm	kN/m *)	v_{ed} in %	mm	kN/m *)	v_{ed} in %	mm	kN/m *)	v_{ed} in %
1.25	0.3	0.37		-0.7	-0.59													
2.50	1.6	1.01		-1.4	-1.21													
5.00	3.6	1.59		-2.8	-2.01													
7.50	5.1	2.06	17.1	-4.6	-2.92	15.3												
10	6.6	2.52	16.2	-7.0	-3.83	11.6												
20	14.8	5.18	15.0	-14.5	-6.28	15.5	14.7	4.98	15.9	-14.4	-6.03	12.5	14.5	4.80	14.6	-14.2	-5.88	11.6
40	30.5	10.11	13.2	-30.1	-10.52	14.1	30.6	9.46	10.9	-30.6	-10.19	9.4	30.4	9.46	10.3	-30.0	-9.77	9.8
60	45.7	14.54	11.4	-46.4	-14.50	11.0	45.7	13.92	9.3	-46.4	-13.56	8.4	45.8	13.55	8.7	-45.6	-12.79	8.2
80	60.4	18.44	10.1	-55.3	-14.49													

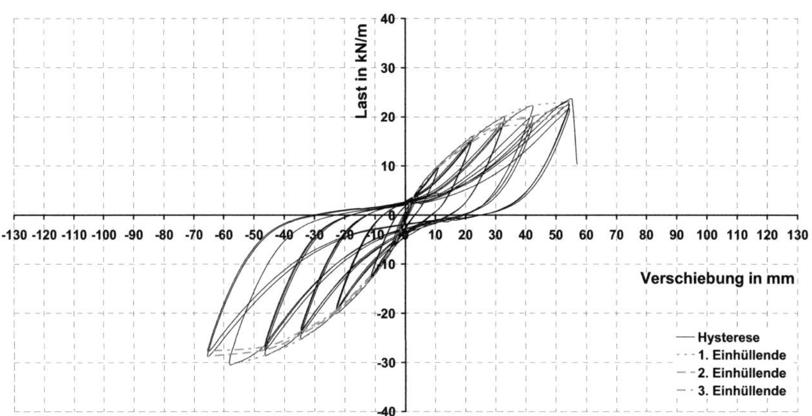

Bild 10-9　　　Last-Verschiebungsdiagramm ZYK_0_2

Tabelle 10-9　　　Versuchsergebnisse ZYK_0_2

LIG_ZYK_0_2	Versuchsergebnisse des zyklischen Versuches				
maximale Verschiebung aus monotonem Versuch	u_{max} = 60 mm	Verbindungsmittel	Klammern 1,53 x 55 mm, a_1 = 50 mm, a_2 = 30 mm in Koppelbrett NH		
Verschiebungsgeschwindigkeit für zyklischen Versuch	d_r = 100 mm/min				
Gesamtdauer des Versuches	t_{tot} = 38 min	Zuganker	je 2 x TYP A an den Wandenden		
Äquivalente hysteretische Dämpfung	v_{ed} = Ed/(2*pi*Epot)	*) Wandlänge = 2,5 m	Grau unterlegte Felder: F_{max} und u_{max}		

	Erste Einhüllende						Zweite Einhüllende						Dritte Einhüllende					
	Positiv			Negativ			Positiv			Negativ			Positiv			Negativ		
% von u_{max}	mm	kN/m *)	v_{ed} in %	mm	kN/m *)	v_{ed} in %	mm	kN/m *)	v_{ed} in %	mm	kN/m *)	v_{ed} in %	mm	kN/m *)	v_{ed} in %	mm	kN/m *)	v_{ed} in %
1.25	0.4	0.73		-0.6	-1.37													
2.50	1.2	2.03		-1.4	-2.76													
5.00	2.4	3.44		-2.7	-4.86													
7.50	4.1	5.16	5.7	-3.7	-6.17	6.7												
10	5.5	5.94	7.0	-5.5	-7.71	6.9												
20	11.0	10.06	10.6	-10.7	-12.61	10.3	11.2	9.92	9.4	-11.3	-12.77	8.6	10.8	9.68	9.6	-11.2	-12.24	8.6
40	22.4	15.98	12.7	-23.0	-19.90	11.9	21.8	15.25	11.0	-22.9	-19.66	9.4	22.0	14.81	10.8	-22.6	-19.21	9.4
60	33.0	20.07	12.6	-34.5	-25.19	12.2	32.4	18.86	10.2	-34.3	-24.18	9.4	31.7	17.89	10.5	-34.2	-23.59	9.4
80	41.6	22.23	11.5	-46.5	-28.51	11.4	41.8	20.03	10.2	-46.5	-27.41	8.7	41.9	18.58	10.2	-46.6	-26.78	8.2
100	53.8	23.09	11.2	-58.0	-30.43	10.7	54.5	22.42	9.0	-65.5	-28.75	7.8	54.5	21.65	9.0	-65.5	-27.68	7.8
120	55.4	23.55																

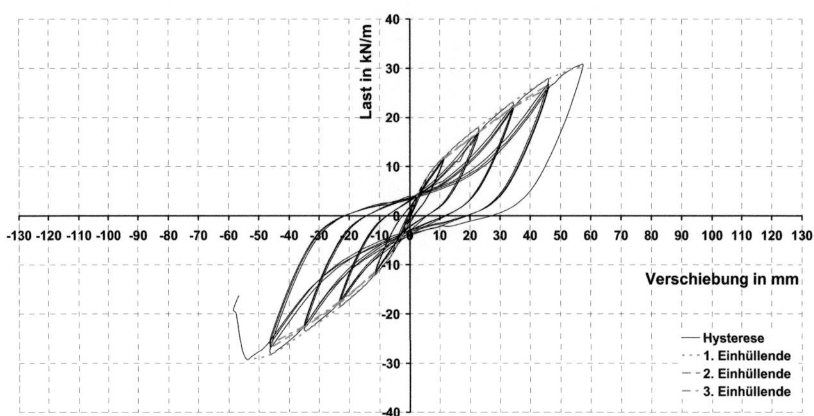

Bild 10-10   Last-Verschiebungsdiagramm ZYK_0_3

Tabelle 10-10   Versuchsergebnisse ZYK_0_3

LIG_ZYK_0_3							Versuchsergebnisse des zyklischen Versuches											
maximale Verschiebung aus monotonem Versuch			u_{max} = 60 mm				Verbindungsmittel			Klammern 1,53 x 55 mm, a_1 = 40 mm, a_2 = 30 mm in Koppelbrett NH (einseitig mit Wandelement verklebt)								
Verschiebungsgeschwindigkeit für zyklischen Versuch			d_r = 100 mm/min															
Gesamtdauer des Versuches			t_{tot} = 18 min				Zuganker			je 2 x TYP A an den Wandenden								
Äquivalente hysteretische Dämpfung			v_{ed} = Ed/(2*pi*Epot)				*) Wandlänge = 2,5 m			Grau unterlegte Felder: F_{max} und u_{max}								
	Erste Einhüllende						Zweite Einhüllende						Dritte Einhüllende					
	Positiv			Negativ			Positiv			Negativ			Positiv			Negativ		
% von u_{max}	mm	kN/m *)	v_{ed} in %	mm	kN/m *)	v_{ed} in %	mm	kN/m *)	v_{ed} in %	mm	kN/m *)	v_{ed} in %	mm	kN/m *)	v_{ed} in %	mm	kN/m *)	v_{ed} in %
1.25	0.7	1.31		-0.4	-0.19													
2.50	1.4	2.32		-1.1	-1.97													
5.00	2.8	4.54		-2.5	-3.98													
7.50	4.2	6.05	4.5	-4.3	-6.03	4.9												
10	5.6	7.66	4.9	-5.7	-7.44	5.8												
20	11.4	11.88	7.9	-11.5	-12.00	9.0	11.1	11.59	7.0	-11.4	-11.34	7.3	11.5	11.67	6.4	-11.4	-11.62	7.0
40	22.3	17.74	11.3	-23.0	-18.50	12.0	23.0	17.07	9.5	-22.6	-17.48	9.5	22.8	16.92	8.8	-23.3	-17.49	8.6
60	33.7	22.94	11.3	-34.0	-23.30	12.3	34.6	22.31	9.3	-35.0	-22.66	9.6	34.6	22.06	8.7	-35.0	-22.33	8.9
80	46.1	27.85	10.8	-46.1	-28.17	11.9	46.1	26.71	9.1	-46.2	-26.81	9.7	46.1	26.04	8.9	-46.4	-26.13	8.9
100	57.5	30.67	10.7	-54.1	-29.24	10.0												

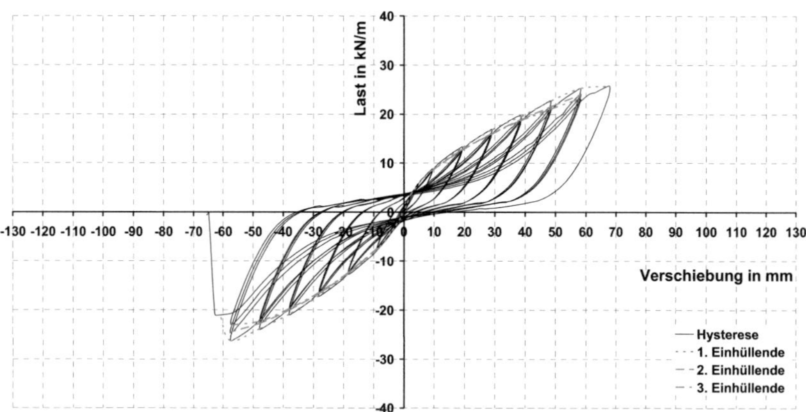

Bild 10-11   Last-Verschiebungsdiagramm ZYK_0_4

Tabelle 10-11   Versuchsergebnisse ZYK_0_4

LIG_ZYK_0_4	Versuchsergebnisse des zyklischen Versuches			
maximale Verschiebung aus monotonem Versuch	u_{max} = 50 mm	Verbindungsmittel	Klammern 1,53 x 55 mm, a_1 = 50 mm, a_2 = 30 mm in Koppelbrett NH	
Verschiebungsgeschwindigkeit für zyklischen Versuch	d_r = 100 mm/min			
Gesamtdauer des Versuches	t_{tot} = 29 min	Zuganker	je 2 x TYP A an den Wandenden	
Äquivalente hysteretische Dämpfung	v_{ed} = Ed/(2*pi*Epot)	*) Wandlänge = 2,5 m	Grau unterlegte Felder: F_{max} und u_{max}	

	Erste Einhüllende						Zweite Einhüllende						Dritte Einhüllende					
	Positiv			Negativ			Positiv			Negativ			Positiv			Negativ		
% von u_{max}	mm	kN/m *)	v_{ed} in %	mm	kN/m *)	v_{ed} in %	mm	kN/m *)	v_{ed} in %	mm	kN/m *)	v_{ed} in %	mm	kN/m *)	v_{ed} in %	mm	kN/m *)	v_{ed} in %
1.25	0.4	0.82		-0.6	-0.23													
2.50	1.1	1.85		-1.1	-1.20													
5.00	2.3	3.64		-2.2	-2.26													
7.50	3.5	4.54	4.6	-3.3	-3.29	6.8												
10	4.8	5.88	4.7	-4.4	-4.23	7.7												
20	9.6	8.77	7.7	-8.2	-7.25	10.6	9.0	8.41	7.5	-8.7	-7.28	8.5	9.5	8.60	6.6	-9.0	-7.38	8.0
40	19.4	13.21	10.2	-18.5	-12.58	12.9	18.7	12.53	8.5	-18.1	-12.32	10.8	19.1	12.59	7.8	-18.5	-12.37	9.3
60	29.1	16.81	10.2	-28.3	-17.07	12.5	29.1	16.04	8.8	-27.6	-16.35	10.4	28.6	15.80	8.9	-28.0	-16.37	9.7
80	38.7	19.59	10.3	-38.0	-20.86	12.0	38.8	18.96	9.2	-37.3	-19.76	10.2	38.3	18.60	9.0	-37.8	-19.66	9.6
100	48.5	22.75	9.9	-47.8	-23.85	11.3	48.6	21.62	8.8	-47.0	-22.54	9.6	48.0	20.97	8.7	-47.5	-22.25	9.3
120	58.2	25.28	9.3	-57.6	-26.24	10.8	58.4	24.06	8.5	-57.6	-24.50	9.2	57.6	23.13	8.3	-57.1	-23.05	9.6
140	67.9	25.74	9.7	-61.0	-21.02													

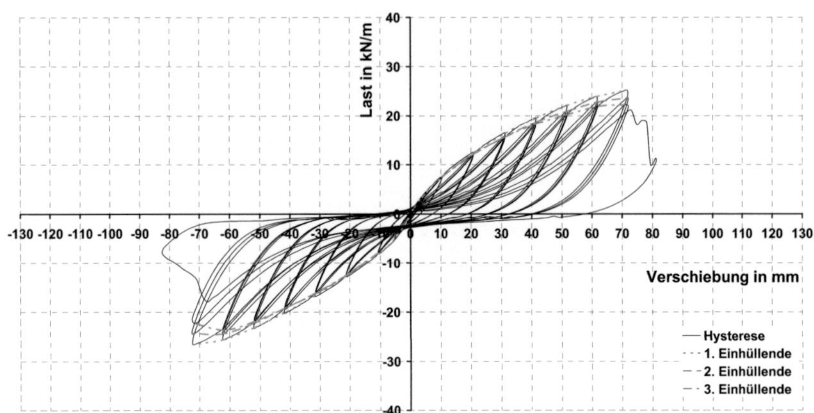

Bild 10-12   Last-Verschiebungsdiagramm ZYK_0_5

Tabelle 10-12   Versuchsergebnisse ZYK_0_5

LIG_ZYK_0_5	Versuchsergebnisse des zyklischen Versuches		
maximale Verschiebung aus monotonem Versuch	u_{max} = 50 mm	Verbindungsmittel	Rillennägel 2,8 x 65 mm, a_1 = 60 mm, a_2 = 30/40 mm in Koppelbrett NH
Verschiebungsgeschwindigkeit für zyklischen Versuch	d_r = 100 mm/min		
Gesamtdauer des Versuches	t_{tot} = 38 min	Zuganker	je 2 x TYP A an den Wandenden
Äquivalente hysteretische Dämpfung	v_{ed} = Ed/(2*pi*Epot)	*) Wandlänge = 2,5 m	Grau unterlegte Felder: F_{max} und u_{max}

	Erste Einhüllende						Zweite Einhüllende						Dritte Einhüllende					
	Positiv			Negativ			Positiv			Negativ			Positiv			Negativ		
% von u_{max}	mm	kN/m *)	v_{ed} in %	mm	kN/m *)	v_{ed} in %	mm	kN/m *)	v_{ed} in %	mm	kN/m *)	v_{ed} in %	mm	kN/m *)	v_{ed} in %	mm	kN/m *)	v_{ed} in %
1.25	0.5	0.68		-0.5	-0.81													
2.50	1.2	1.21		-1.2	-1.68													
5.00	2.6	2.61		-2.6	-2.89													
7.50	3.8	3.31	8.5	-4.0	-4.01	6.8												
10	5.3	4.59	7.7	-5.3	-5.05	7.2												
20	10.5	7.56	9.8	-9.9	-7.84	10.7	10.0	7.45	9.6	-10.5	-7.88	7.9	10.4	7.63	7.7	-10.8	-7.90	7.7
40	21.0	12.47	11.3	-21.3	-12.66	11.0	20.2	12.00	9.5	-20.7	-12.40	9.1	20.7	12.08	8.7	-21.2	-12.48	8.3
60	31.3	16.40	10.9	-31.7	-16.66	10.6	31.3	15.70	9.0	-30.9	-16.03	8.4	30.8	15.49	9.1	-31.4	-16.07	7.8
80	41.5	19.53	10.5	-42.0	-20.14	7.4	41.6	18.72	8.7	-41.9	-19.23	7.7	40.9	18.17	8.6	-41.5	-19.14	7.3
100	51.6	22.09	10.0	-52.2	-23.18	9.1	51.9	20.94	8.6	-52.2	-22.27	7.3	50.9	20.07	8.3	-51.6	-21.79	7.3
120	61.6	23.92	9.6	-62.3	-25.57	8.9	62.0	22.79	8.4	-62.4	-24.40	7.3	62.0	21.91	8.1	-61.6	-23.60	7.1
140	71.7	25.20	9.9	-72.5	-26.52	8.8	72.05	23.63	8.1	-72.6	-24.28	7.4	71.0	22.25	9.9	-71.8	-22.27	8.8

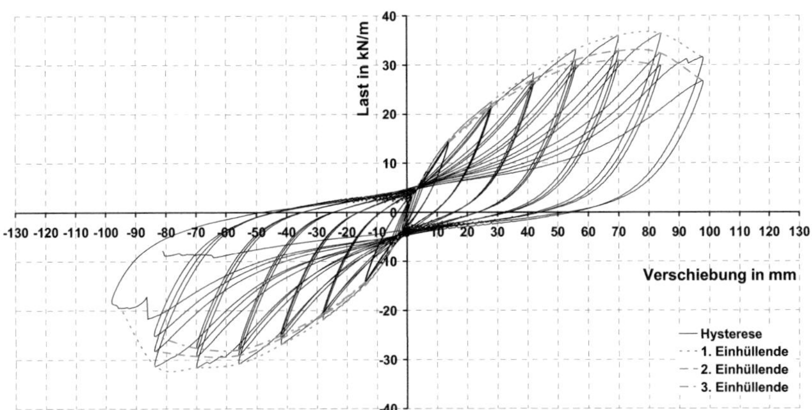

Bild 10-13   Last-Verschiebungsdiagramm ZYK_10_6

Tabelle 10-13   Versuchsergebnisse ZYK_10_6

LIG_ZYK_10_6						Versuchsergebnisse des zyklischen Versuches												
maximale Verschiebung aus monotonem Versuch			u_{max} = 70 mm			Verbindungsmittel			Klammern 1.83 x 63.5 mm, a_1 = 50 mm, a_2 = 30 mm in Koppelbrett BFU									
Verschiebungsgeschwindigkeit für zyklischen Versuch			dr = 100 mm/min															
Gesamtdauer des Versuches			t_{tot} = 15 min			Zuganker			je 2 x TYP B an den Wandenden									
Äquivalente hysteretische Dämpfung			v_{ed} = Ed/(2*pi*Epot)			*) Wandlänge = 2,5 m			Grau unterlegte Felder: F_{max} und u_{max}									
	Erste Einhüllende						Zweite Einhüllende						Dritte Einhüllende					
	Positiv			Negativ			Positiv			Negativ			Positiv			Negativ		
% von u_{max}	mm	kN/m *)	v_{ed} in %	mm	kN/m *)	v_{ed} in %	mm	kN/m *)	v_{ed} in %	mm	kN/m *)	v_{ed} in %	mm	kN/m *)	v_{ed} in %	mm	kN/m *)	v_{ed} in %
1.25	0.8	1.72	5.7	-0.8	-1.84	6.2												
2.50	1.7	3.25	5.5	-1.7	-3.32	6.0												
5.00	3.5	5.33	8.5	-3.5	-5.59	8.7												
7.50	5.2	6.95	10.4	-5.2	-7.51	8.7												
10	7.0	8.72	9.8	-6.8	-9.24	8.5												
20	13.7	14.62	9.8	-13.6	-14.66	10.3	13.8	14.39	8.9	-13.8	-14.31	8.6	13.9	14.23	8.7	-13.7	-14.14	8.3
40	27.6	22.35	11.9	-27.5	-21.64	12.6	27.5	21.70	10.0	-27.7	-20.87	9.9	27.6	21.26	9.6	-27.6	-20.47	9.6
60	41.5	28.21	11.9	-41.4	-26.73	12.6	41.7	26.96	10.3	-41.7	-25.55	10.4	41.5	26.25	9.9	-41.5	-24.90	10.0
80	55.4	32.99	18.9	-55.4	-30.71	12.1	55.6	30.91	9.6	-55.5	-29.02	10.4	55.7	29.76	9.5	-55.7	-27.96	10.1
100	69.2	35.88	16.4	-69.5	-31.56	12.7	69.4	32.78	9.6	-69.4	-29.29	11.0	69.6	30.87	9.8	-69.6	-27.66	10.8
120	83.5	36.43	15.3	-83.5	-31.37	12.1	83.3	32.44	10.8	-83.7	-28.21	11.0	83.6	29.88	10.7	-83.5	-25.18	11.5
140	97.5	31.58	14.2	-95.1	-19.43	18.2	97.6	26.76	11.9									

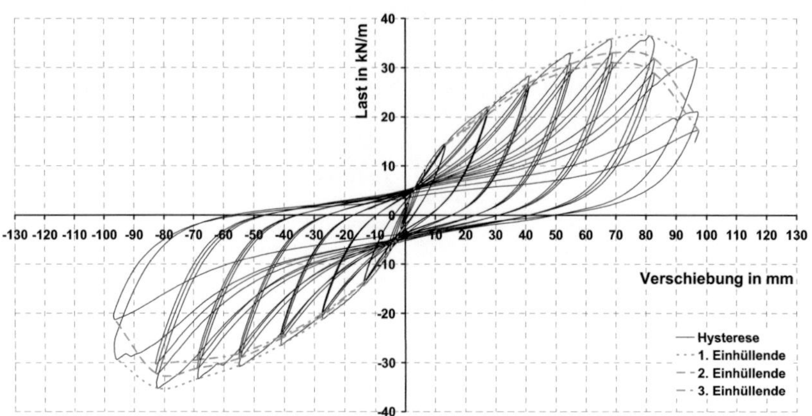

Bild 10-14   Last-Verschiebungsdiagramm ZYK_10_8

Tabelle 10-14   Versuchsergebnisse ZYK_10_8

LIG_ZYK_10_8			Versuchsergebnisse des zyklischen Versuches						
maximale Verschiebung aus monotonem Versuch		u_{max} = 70 mm		Verbindungsmittel		Klammern 1.83 x 63.5 mm, a_1 = 50 mm, a_2 = 30 mm in Koppelbrett BFU			
Verschiebungsgeschwindigkeit für zyklischen Versuch		dr = 100 mm/min							
Gesamtdauer des Versuches		t_{tot} = 45 min		Zuganker		je 2 x TYP B an den Wandenden			
Äquivalente hysteretische Dämpfung		v_{ed} = Ed/(2*pi*Epot)		*) Wandlänge = 2,5 m		Grau unterlegte Felder: F_{max} und u_{max}			

	Erste Einhüllende						Zweite Einhüllende						Dritte Einhüllende					
	Positiv			Negativ			Positiv			Negativ			Positiv			Negativ		
% von u_{max}	mm	kN/m *)	v_{ed} in %	mm	kN/m *)	v_{ed} in %	mm	kN/m *)	v_{ed} in %	mm	kN/m *)	v_{ed} in %	mm	kN/m *)	v_{ed} in %	mm	kN/m *)	v_{ed} in %
1.25	0.6	1.70	0.0	-0.9	-1.80	5.0												
2.50	1.0	2.58	5.5	-1.4	-2.74	14.1												
5.00	2.8	5.16	8.5	-3.0	-5.05	11.2												
7.50	4.9	7.03	7.9	-5.3	-7.33	8.2												
10	6.7	9.30	7.4	-6.7	-8.92	9.1												
20	13.5	14.30	9.6	-13.5	-14.10	11.4	13.5	14.54	8.4	-13.0	-13.30	9.7	13.3	14.32	8.3	-13.8	-13.64	9.0
40	27.3	21.91	12.2	-27.2	-21.08	13.4	27.3	21.36	10.2	-27.3	-20.47	10.4	27.2	20.55	9.9	-27.4	-20.06	10.0
60	41.1	28.16	12.0	-41.1	-26.39	13.0	40.6	26.78	11.2	-40.3	-24.82	10.9	41.2	26.21	10.1	-41.1	-24.62	10.4
80	55.0	32.86	11.4	-55.1	-30.59	12.3	55.0	30.79	10.3	-55.1	-29.12	10.5	55.0	29.53	10.0	-55.0	-28.16	10.3
100	68.2	35.82	11.5	-68.6	-33.21	12.3	68.8	33.01	10.2	-68.9	-31.18	10.7	69.0	31.00	10.2	-68.1	-29.39	10.7
120	81.4	36.41	11.8	-82.2	-35.20	12.3	82.8	31.79	10.9	-82.9	-32.14	10.8	82.5	28.99	10.9	-82.9	-30.28	10.0
140	96.8	31.60	11.7	-96.2	-29.22	15.1	95.7	21.00	13.8	-96.6	-21.24	13.6	97.4	17.12				

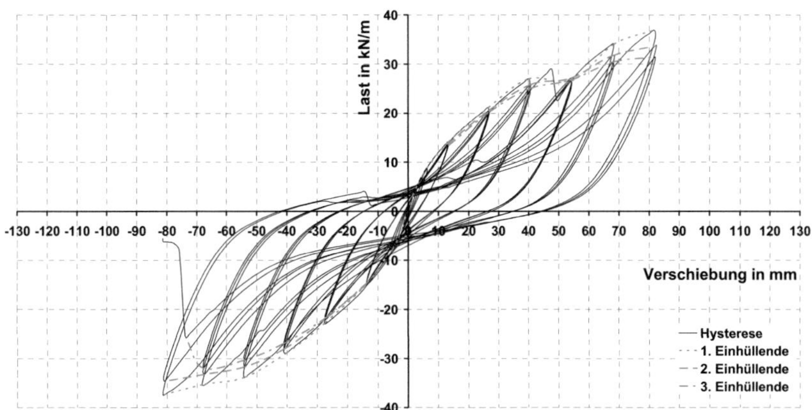

Bild 10-15 Last-Verschiebungsdiagramm ZYK_10_12

Tabelle 10-15 Versuchsergebnisse ZYK_10_12

LIG_ZYK_10_12	Versuchsergebnisse des zyklischen Versuches		
maximale Verschiebung aus monotonem Versuch	u_{max} = 60 mm	Verbindungsmittel	Klammern 1.83 x 63.5 mm, a_1 = 50 mm, a_2 = 30 mm in Koppelbrett BFU
Verschiebungsgeschwindigkeit für zyklischen Versuch	dr = 100 mm/min		
Gesamtdauer des Versuches	t_{tot} = 36 min	Zuganker	je 2 x TYP B an den Wandenden
Äquivalente hysteretische Dämpfung	v_{ed} = Ed/(2*pi*Epot)	*) Wandlänge = 2,5 m	Grau unterlegte Felder: F_{max} und u_{max}

	Erste Einhüllende						Zweite Einhüllende						Dritte Einhüllende					
	Positiv			Negativ			Positiv			Negativ			Positiv			Negativ		
% von u_{max}	mm	kN/m *)	v_{ed} in %	mm	kN/m *)	v_{ed} in %	mm	kN/m *)	v_{ed} in %	mm	kN/m *)	v_{ed} in %	mm	kN/m *)	v_{ed} in %	mm	kN/m *)	v_{ed} in %
1.25	0.6	1.31	0.0	-0.8	-1.13	4.0												
2.50	1.5	3.22	5.0	-1.9	-3.43	4.8												
5.00	3.3	5.55	6.6	-3.6	-5.84	6.9												
7.50	4.9	7.46	7.5	-5.1	-7.70	8.2												
10	6.1	8.83	8.5	-7.0	-9.13	8.3												
20	13.3	14.11	9.8	-13.8	-14.84	10.5	12.9	13.61	9.5	-13.8	-14.87	8.4	13.3	13.38	8.3	-13.5	-14.51	8.5
40	26.5	21.15	12.4	-27.6	-22.80	12.4	26.7	20.55	10.1	-27.5	-22.00	9.8	26.9	20.24	9.6	-26.7	-21.49	9.6
60	40.1	27.01	12.7	-40.2	-28.84	12.4	40.8	25.85	10.5	-41.0	-28.05	10.1	40.3	24.97	10.6	-41.1	-26.92	9.8
80	54.2	26.56	15.5	-54.2	-33.82	12.8	54.0	27.12	12.2	-54.0	-31.66	11.4	53.9	26.74	11.2	-53.8	-30.23	10.8
100	68.4	34.04	11.1	-68.3	-35.30	11.6	67.7	31.65	10.4	-67.5	-33.20	10.1	68.1	30.43	10.6	-68.0	-31.95	9.5
120	81.7	36.90	10.9	-81.4	-37.43	10.3	82.4	33.72	10.0	-80.9	-34.60	9.7	82.1	31.43	9.8	-73.9	-25.61	

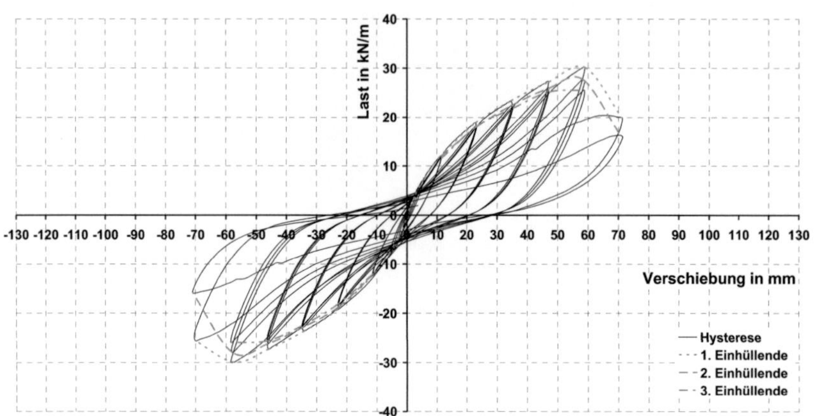

Bild 10-16   Last-Verschiebungsdiagramm ZYK_10_9

Tabelle 10-16   Versuchsergebnisse ZYK_10_9

LIG_ZYK_10_9		Versuchsergebnisse des zyklischen Versuches																
maximale Verschiebung aus monotonem Versuch		u_{max} = 60 mm		Verbindungsmittel		Rillennägel 2.8 x 65 mm, a_1 = 50 mm, a_2 = 30 mm in Koppelbrett BFU												
Verschiebungsgeschwindigkeit für zyklischen Versuch		dr = 100 mm/min																
Gesamtdauer des Versuches		t_{tot} = 32 min		Zuganker		je 2 x TYP B an den Wandenden												
Äquivalente hysteretische Dämpfung		v_{ed} = Ed/(2*pi*Epot)		*) Wandlänge = 2,5 m		Grau unterlegte Felder: F_{max} und u_{max}												

	Erste Einhüllende						Zweite Einhüllende						Dritte Einhüllende					
	Positiv			Negativ			Positiv			Negativ			Positiv			Negativ		
% von u_{max}	mm	kN/m *)	v_{ed} in %	mm	kN/m *)	v_{ed} in %	mm	kN/m *)	v_{ed} in %	mm	kN/m *)	v_{ed} in %	mm	kN/m *)	v_{ed} in %	mm	kN/m *)	v_{ed} in %
1.25	0.6	0.90	1.4	-0.4	-1.02	6.1												
2.50	1.2	1.79	9.0	-1.3	-2.70	2.9												
5.00	2.9	4.26	6.1	-2.8	-4.62	6.5												
7.50	3.7	5.64	9.6	-4.3	-6.04	7.8												
10	5.7	7.55	7.9	-5.7	-7.54	8.1												
20	10.7	11.73	10.9	-11.5	-12.24	9.6	11.4	12.04	9.1	-11.0	-11.88	9.7	11.5	11.58	8.9	-11.4	-12.07	8.1
40	22.9	18.84	12.1	-23.0	-19.16	11.5	23.3	17.98	10.0	-22.7	-18.65	9.4	23.3	18.11	9.5	-23.0	-18.14	9.0
60	34.5	23.37	13.0	-34.1	-23.61	12.8	34.3	22.29	11.2	-33.9	-22.65	10.3	35.2	21.88	10.5	-34.8	-22.53	9.9
80	47.0	27.22	12.2	-46.1	-27.29	13.2	47.1	25.95	11.2	-46.2	-26.18	10.7	47.1	25.17	10.9	-46.4	-25.60	10.3
100	59.0	30.11	11.9	-57.4	-29.94	12.1	58.1	27.73	11.6	-57.9	-27.99	11.2	58.8	25.56	11.2	-58.5	-25.97	10.6
120	71.3	19.80	15.0	-70.2	-25.57	13.1	70.6	16.26	12.4	-71.0	-15.80	12.5						

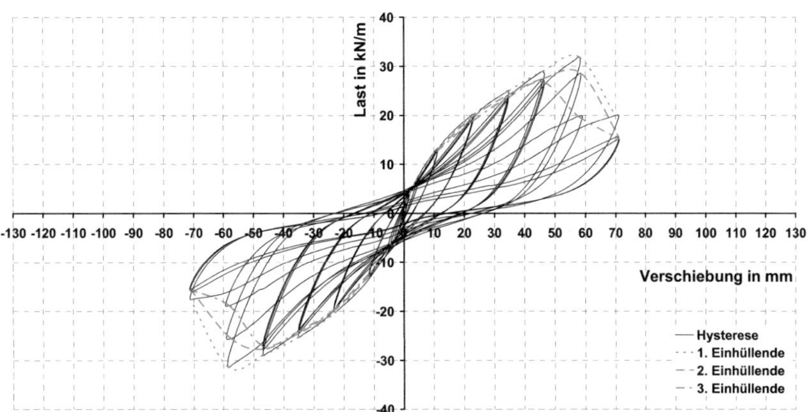

Bild 10-17   Last-Verschiebungsdiagramm ZYK_10_10

Tabelle 10-17   Versuchsergebnisse ZYK_10_10

LIG_ZYK_10_10				Versuchsergebnisse des zyklischen Versuches														
maximale Verschiebung aus monotonem Versuch			u_{max} = 60 mm		Verbindungsmittel			Rillennägel 2.8 x 65 mm, a_1 = 50 mm, a_2 = 30 mm in Koppelbrett BFU										
Verschiebungsgeschwindigkeit für zyklischen Versuch			dr = 100 mm/min															
Gesamtdauer des Versuches			t_{tot} = 32 min		Zuganker			je 2 x TYP B an den Wandenden										
Äquivalente hysteretische Dämpfung			v_{ed} = Ed/(2*pi*Epot)		*) Wandlänge = 2,5 m			Grau unterlegte Felder: F_{max} und u_{max}										

	Erste Einhüllende						Zweite Einhüllende						Dritte Einhüllende					
	Positiv			Negativ			Positiv			Negativ			Positiv			Negativ		
% von u_{max}	mm	kN/m *)	v_{ed} in %	mm	kN/m *)	v_{ed} in %	mm	kN/m *)	v_{ed} in %	mm	kN/m *)	v_{ed} in %	mm	kN/m *)	v_{ed} in %	mm	kN/m *)	v_{ed} in %
1.25	0.3	0.52	15.5	-0.7	-1.36	6.4												
2.50	0.9	2.36	4.9	-1.6	-2.86	5.1												
5.00	2.0	4.20	5.8	-3.1	-4.93	8.1												
7.50	3.8	6.45	8.6	-4.4	-5.93	9.9												
10	5.6	8.01	7.6	-6.0	-7.95	9.1												
20	10.9	13.02	11.1	-11.7	-12.59	10.9	11.4	13.05	9.3	-11.6	-12.84	9.4	10.9	12.56	9.8	-11.7	-12.32	9.3
40	23.0	20.19	11.8	-22.4	-19.95	12.3	22.7	19.63	10.3	-23.4	-19.84	9.7	23.0	18.96	10.0	-23.1	-19.52	9.6
60	34.7	25.00	12.5	-35.1	-25.23	12.6	34.6	24.20	11.2	-34.9	-24.43	10.6	34.5	23.61	10.9	-34.8	-23.90	11.0
80	45.8	28.93	12.7	-47.0	-28.91	12.6	46.0	27.47	12.0	-47.1	-27.69	10.9	46.2	26.70	11.7	-47.1	-26.93	10.7
100	58.0	31.85	12.6	-58.5	-31.35	12.4	58.5	28.53	11.9	-57.5	-25.53	12.8	57.6	19.80	13.3	-58.1	-18.83	11.7
120	69.8	19.94	11.6	-71.3	-17.48	12.2	70.9	15.67	9.8	-70.6	-15.96	9.1	71.3	15.01	8.2	-71.4	-15.53	8.1

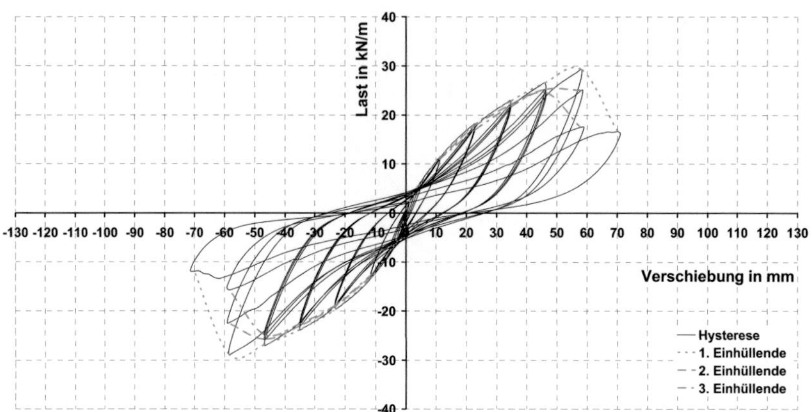

Bild 10-18   Last-Verschiebungsdiagramm ZYK_10_11

Tabelle 10-18   Versuchsergebnisse ZYK_10_11

LIG_ZYK_10_11		Versuchsergebnisse des zyklischen Versuches		
maximale Verschiebung aus monotonem Versuch	u_{max} = 60 mm	Verbindungsmittel	Rillennägel 2.8 x 65 mm, a_1 = 50 mm, a_2 = 30 mm in Koppelbrett BFU	
Verschiebungsgeschwindigkeit für zyklischen Versuch	dr = 100 mm/min			
Gesamtdauer des Versuches	t_{tot} = 26 min	Zuganker	je 2 x TYP B an den Wandenden	
Äquivalente hysteretische Dämpfung	v_{ed} = Ed/(2*pi*Epot)	*) Wandlänge = 2,5 m	Grau unterlegte Felder: F_{max} und u_{max}	

	Erste Einhüllende						Zweite Einhüllende						Dritte Einhüllende					
	Positiv			Negativ			Positiv			Negativ			Positiv			Negativ		
% von u_{max}	mm	kN/m *)	v_{ed} in %	mm	kN/m *)	v_{ed} in %	mm	kN/m *)	v_{ed} in %	mm	kN/m *)	v_{ed} in %	mm	kN/m *)	v_{ed} in %	mm	kN/m *)	v_{ed} in %
1.25	0.19	0.74		-0.76	-1.60													
2.50	1.10	2.20		-1.56	-3.01													
5.00	2.25	3.73		-3.02	-5.16													
7.50	3.98	5.50		-3.83	-6.38													
10	5.56	6.46	9.5	-5.91	-8.25	8.0												
20	10.93	11.16	10.4	-10.92	-12.88	10.5	11.40	11.15	9.3	-11.65	-13.07	10.1	11.01	10.89	9.0	-10.93	-12.38	8.8
40	22.94	18.19	11.1	-22.50	-19.40	12.5	22.62	17.71	9.8	-23.40	-19.08	12.5	22.87	16.98	9.4	-23.13	-18.77	9.7
60	34.63	22.92	12.0	-35.09	-23.79	12.9	34.61	22.18	10.6	-35.04	-23.02	13.4	34.56	21.74	10.2	-34.94	-22.55	10.8
80	45.90	26.57	12.7	-47.00	-26.89	12.9	46.12	25.25	11.9	-47.03	-25.73	13.5	46.35	24.57	10.7	-46.99	-24.75	11.5
100	58.06	29.26	11.9	-58.70	-28.79	12.7	58.56	25.02	11.9	-59.13	-22.36	16.2	57.82	17.44	12.3	-58.50	-15.73	19.2
120	70.13	16.60	12.5	-70.09	-11.93	16.6												

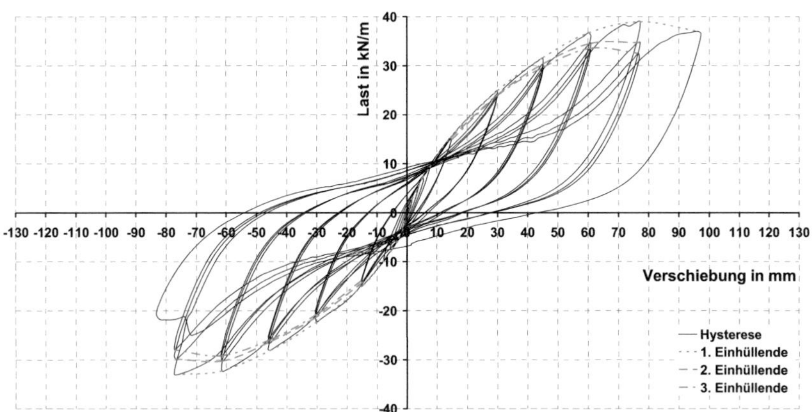

Bild 10-19   Last-Verschiebungsdiagramm L_N_Z_1

Tabelle 10-19   Versuchsergebnisse L_N_Z_1

L_N_Z_1	Versuchsergebnisse des zyklischen Versuches		
maximale Verschiebung aus monotonem Versuch	u_{max} = 80 mm	Verbindungsmittel	Klammern 1,83 x 64 mm, a_1 = 50 mm, a_2 = 30 mm, 1 Koppelbrett BFU
Verschiebungsgeschwindigkeit für zyklischen Versuch	dr = 100 mm/min		
Gesamtdauer des Versuches	t_{tot} = 35 min	Zuganker	je 2 x TYP C an den Wandenden
Äquivalente hysteretische Dämpfung	v_{ed} = Ed/(2*pi*Epot)	*) Wandlänge = 2,5 m	Grau unterlegte Felder: F_{max} und u_{max}

	Erste Einhüllende						Zweite Einhüllende						Dritte Einhüllende					
	Positiv			Negativ			Positiv			Negativ			Positiv			Negativ		
% von u_{max}	mm	kN/m *)	v_{ed} in %	mm	kN/m *)	v_{ed} in %	mm	kN/m *)	v_{ed} in %	mm	kN/m *)	v_{ed} in %	mm	kN/m *)	v_{ed} in %	mm	kN/m *)	v_{ed} in %
1.25	0.7	1.07	8.3	-1.0	-1.61	8.2												
2.50	1.5	2.80	5.3	-1.4	-3.25	9.7												
5.00	3.8	5.30	8.3	-3.1	-5.66	10.7												
7.50	5.2	7.15	11.7	-5.2	-7.57	11.8												
10	7.6	9.24	9.2	-7.7	-9.62	10.5												
20	14.5	15.32	10.8	-14.7	-14.82	13.4	14.3	15.14	9.7	-14.5	-14.09	10.6	14.8	14.86	9.2	-15.2	-13.86	10.1
40	29.9	24.89	10.9	-30.0	-22.25	15.8	30.0	24.11	9.9	-30.6	-21.45	11.7	29.7	23.81	9.4	-30.0	-20.71	11.8
60	45.0	31.59	11.7	-45.1	-27.91	14.5	45.1	30.38	10.5	-46.3	-26.50	12.0	45.2	29.69	10.0	-45.5	-25.84	12.0
80	60.1	36.67	11.8	-61.5	-32.23	14.2	61.0	34.54	10.7	-61.1	-30.19	12.5	60.8	33.52	10.4	-61.9	-29.14	11.8
100	77.2	38.92	12.1	-76.1	-32.96	14.8	77.3	34.67	12.0	-76.7	-29.84	13.9	76.6	32.51	12.6	-77.3	-27.95	13.7
120	96.2	36.99	14.1															

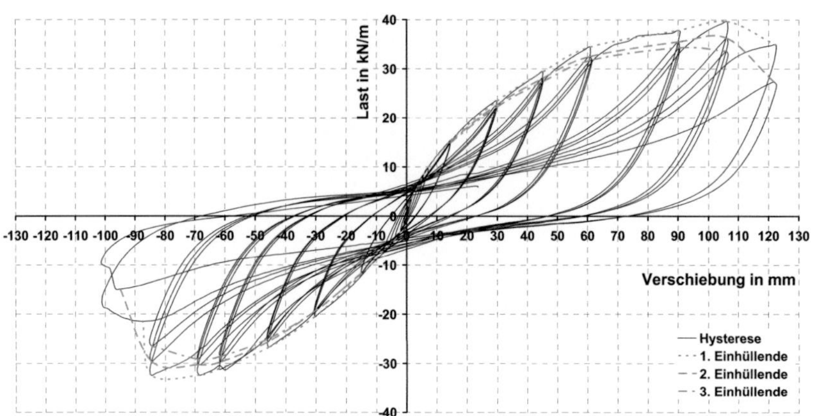

Bild 10-20   Last-Verschiebungsdiagramm L_N_Z_2

Tabelle 10-20   Versuchsergebnisse L_N_Z_2

L_N_Z_2				Versuchsergebnisse des zyklischen Versuches														
maximale Verschiebung aus monotonem Versuch				u_{max} = 80 mm			Verbindungsmittel				Klammern 1,83 x 64 mm, a_1 = 50 mm, a_2 = 30 mm, 1 Koppelbrett BFU							
Verschiebungsgeschwindigkeit für zyklischen Versuch				dr = 100 mm/min														
Gesamtdauer des Versuches				t_{tot} = 51 min			Zuganker				je 2 x TYP C an den Wandenden							
Äquivalente hysteretische Dämpfung				v_{ed} = Ed/(2*pi*Epot)			*) Wandlänge = 2,5 m				Grau unterlegte Felder: F_{max} und u_{max}							
	Erste Einhüllende						Zweite Einhüllende						Dritte Einhüllende					
	Positiv			Negativ			Positiv			Negativ			Positiv			Negativ		
% von u_{max}	mm	kN/m *)	v_{ed} in %	mm	kN/m *)	v_{ed} in %	mm	kN/m *)	v_{ed} in %	mm	kN/m *)	v_{ed} in %	mm	kN/m *)	v_{ed} in %	mm	kN/m *)	v_{ed} in %
1.25	0.7	1.93	0.3	-0.9	-1.50	8.5												
2.50	1.8	3.81	4.8	-2.0	-2.97	9.2												
5.00	3.6	5.81	6.8	-3.8	-4.79	12.5												
7.50	5.6	8.43	8.0	-5.9	-6.03	13.0												
10	7.0	9.88	9.2	-7.8	-7.15	12.7												
20	14.6	15.40	9.8	-15.1	-11.99	12.3	14.5	15.14	9.1	-15.0	-11.74	11.3	14.3	14.84	8.9	-14.8	-11.52	11.3
40	29.8	23.45	11.7	-30.4	-20.50	13.4	29.2	22.48	10.3	-30.7	-19.55	11.0	29.8	22.27	9.5	-30.4	-19.45	10.7
60	45.2	29.44	12.0	-45.7	-26.72	14.3	45.2	28.16	10.7	-45.9	-25.62	12.2	45.3	27.50	10.2	-46.1	-25.08	11.2
80	60.8	34.44	11.9	-62.0	-31.06	13.7	60.4	32.45	11.2	-61.8	-29.77	11.7	61.5	31.83	10.5	-61.3	-28.54	11.8
100	89.5	37.76	15.3	-68.5	-32.39	15.4	90.0	35.49	11.4	-69.0	-30.31	13.0	90.5	34.31	10.6	-69.3	-29.12	12.5
120	106.1	39.63	12.0	-84.8	-32.40	15.4	106.0	36.24	11.4	-84.7	-29.58	14.0	105.9	33.60	11.3	-84.5	-26.50	14.7
140	122.5	34.84	10.6	-87.5	-21.46	12.5	121.8	27.39	12.0	-95.0	-14.91	-						

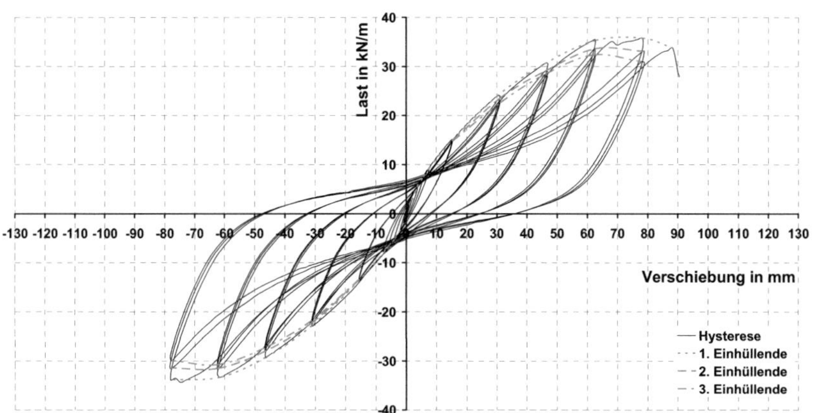

Bild 10-21   Last-Verschiebungsdiagramm L_N_Z_3

Tabelle 10-21   Versuchsergebnisse L_N_Z_3

L_N_Z_3	Versuchsergebnisse des zyklischen Versuches		
maximale Verschiebung aus monotonem Versuch	u_{max} = 80 mm	Verbindungsmittel	Klammern 1,83 x 64 mm, a_1 = 50 mm, a_2 = 30 mm, 1 Koppelbrett BFU, Elemente versetzt
Verschiebungsgeschwindigkeit für zyklischen Versuch	dr = 100 mm/min		
Gesamtdauer des Versuches	t_{tot} = 33 min	Zuganker	je 2 x TYP C an den Wandenden
Äquivalente hysteretische Dämpfung	v_{ed} = Ed/(2*pi*Epot)	*) Wandlänge = 2,5 m	Grau unterlegte Felder: F_{max} und u_{max}

	Erste Einhüllende						Zweite Einhüllende						Dritte Einhüllende					
	Positiv			Negativ			Positiv			Negativ			Positiv			Negativ		
% von u_{max}	mm	kN/m *)	v_{ed} in %	mm	kN/m *)	v_{ed} in %	mm	kN/m *)	v_{ed} in %	mm	kN/m *)	v_{ed} in %	mm	kN/m *)	v_{ed} in %	mm	kN/m *)	v_{ed} in %
1.25	1.0	1.89	2.8	-0.9	-1.82	3.8												
2.50	1.8	2.70	8.0	-2.0	-3.24	6.9												
5.00	3.6	5.47	8.9	-3.9	-5.21	11.2												
7.50	5.7	7.55	7.4	-5.9	-6.59	12.4												
10	7.5	9.26	8.6	-7.0	-7.62	12.5												
20	15.3	15.05	9.7	-15.5	-13.53	11.8	15.3	14.90	8.8	-15.6	-13.46	10.4	15.3	14.77	8.6	-15.5	-13.36	10.6
40	30.0	23.96	11.2	-31.1	-22.77	12.8	30.9	23.51	9.5	-30.5	-21.91	11.1	31.1	22.64	9.3	-31.1	-21.70	10.1
60	45.8	30.58	11.7	-46.5	-29.26	13.2	46.1	29.11	10.8	-46.6	-28.01	11.0	46.3	28.52	10.5	-46.7	-27.29	10.7
80	62.8	35.33	11.9	-61.6	-33.31	13.9	62.5	33.63	10.9	-62.5	-31.51	11.7	62.1	32.38	10.9	-62.4	-30.73	11.4
100	78.2	35.77	14.2	-78.2	-33.80	15.0	78.8	33.09	12.4	-78.5	-31.39	13.4	77.9	30.98	12.5	-77.8	-29.91	13.7
120	88.4	33.74																

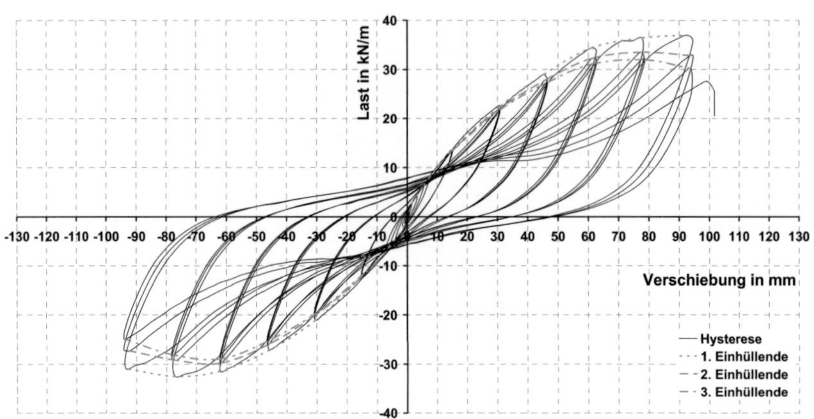

Bild 10-22   Last-Verschiebungsdiagramm L_N_Z_4

Tabelle 10-22   Versuchsergebnisse L_N_Z_4

L_N_Z_4				Versuchsergebnisse des zyklischen Versuches												
maximale Verschiebung aus monotonem Versuch		u_{max} = 80 mm		Verbindungsmittel		Klammern 1,83 x 64 mm, a_1 = 50 mm, a_2 = 30 mm, 1 Koppelbrett BFU, Elemente versetzt										
Verschiebungsgeschwindigkeit für zyklischen Versuch		dr = 100 mm/min														
Gesamtdauer des Versuches		t_{tot} = 23 min		Zuganker		je 2 x TYP C an den Wandenden										
Äquivalente hysteretische Dämpfung		v_{ed} = Ed/(2*pi*Epot)		*) Wandlänge = 2,5 m		Grau unterlegte Felder: F_{max} und u_{max}										

| | Erste Einhüllende | | | | | | Zweite Einhüllende | | | | | | Dritte Einhüllende | | | | | |
| | Positiv | | | Negativ | | | Positiv | | | Negativ | | | Positiv | | | Negativ | | |
% von u_{max}	mm	kN/m *)	v_{ed} in %	mm	kN/m *)	v_{ed} in %	mm	kN/m *)	v_{ed} in %	mm	kN/m *)	v_{ed} in %	mm	kN/m *)	v_{ed} in %	mm	kN/m *)	v_{ed} in %
1.25	0.7	1.05	0.0	-0.7	-1.35	8.0												
2.50	1.6	2.81	4.1	-1.0	-2.01	10.8												
5.00	3.0	4.28	11.3	-3.9	-4.51	8.6												
7.50	5.5	6.33	8.9	-5.8	-5.72	11.7												
10	7.4	7.92	8.4	-7.7	-7.55	9.6												
20	14.9	13.56	9.1	-15.4	-12.47	12.1	14.2	13.01	9.6	-15.2	-12.39	10.3	15.3	13.56	8.3	-14.2	-11.53	11.1
40	30.9	22.54	10.9	-30.5	-21.09	12.9	29.4	21.45	9.9	-31.1	-20.26	10.6	30.7	21.78	9.1	-30.1	-19.53	11.5
60	45.3	28.98	12.1	-45.8	-27.11	14.8	46.1	27.94	10.6	-46.4	-26.04	11.4	46.5	27.38	10.1	-46.7	-25.36	11.1
80	61.0	34.37	12.0	-62.2	-31.38	13.8	61.1	32.22	11.1	-62.3	-29.80	11.9	61.1	31.08	10.8	-62.3	-28.94	11.7
100	77.7	36.39	14.0	-77.1	-32.47	16.8	77.3	33.49	12.7	-76.7	-29.21	14.2	78.7	31.94	12.0	-78.4	-28.01	13.6
120	92.7	36.98	13.5	-93.6	-30.88	15.8	94.6	32.79	13.3	-92.4	-27.28	15.6	93.9	30.16	17.0	-94.2	-24.84	16.1

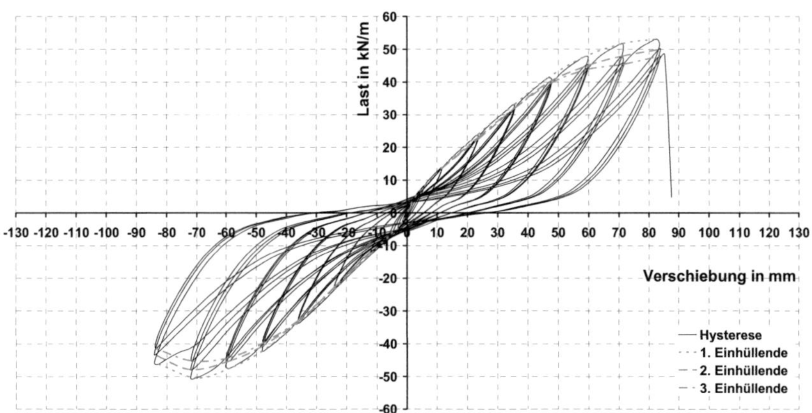

Bild 10-23   Last-Verschiebungsdiagramm L_N_Z_5

Tabelle 10-23   Versuchsergebnisse L_N_Z_5

L_N_Z_5	Versuchsergebnisse des zyklischen Versuches																	
maximale Verschiebung aus monotonem Versuch	u_{max} = 60 mm			Verbindungsmittel			Klammern 2,0 x 100 mm, a_1 = 50 mm, a_2 = 30 mm, 2 Koppelbretter BFU											
Verschiebungsgeschwindigkeit für zyklischen Versuch	dr = 150 mm/min																	
Gesamtdauer des Versuches	t_{tot} = 29 min			Zuganker			je 2 x TYP C an den Wandenden											
Äquivalente hysteretische Dämpfung	v_{ed} = Ed/(2*pi*Epot)			*) Wandlänge = 2,5 m			Grau unterlegte Felder: F_{max} und u_{max}											

	Erste Einhüllende						Zweite Einhüllende						Dritte Einhüllende					
	Positiv			Negativ			Positiv			Negativ			Positiv			Negativ		
% von u_{max}	mm	kN/m *)	v_{ed} in %	mm	kN/m *)	v_{ed} in %	mm	kN/m *)	v_{ed} in %	mm	kN/m *)	v_{ed} in %	mm	kN/m *)	v_{ed} in %	mm	kN/m *)	v_{ed} in %
1.25	0.2	0.33	-	-0.8	-1.45	7.5												
2.50	1.3	2.72	-	-1.6	-2.77	6.6												
5.00	2.8	4.91	6.0	-2.9	-4.61	10.7												
7.50	4.0	6.68	8.0	-4.7	-5.88	11.6												
10	5.8	8.33	8.1	-6.2	-7.16	12.4												
20	11.8	13.89	9.4	-11.1	-11.64	12.5	11.7	13.75	8.5	-12.2	-11.85	10.5	11.4	13.41	8.8	-12.1	-12.07	10.1
40	23.4	23.89	9.6	-23.4	-22.86	9.9	23.7	22.59	7.6	-24.2	-22.80	7.7	23.7	23.20	6.9	-23.9	-22.70	7.5
60	35.6	33.24	8.4	-36.1	-33.62	8.5	35.8	32.16	7.1	-35.2	-32.55	7.5	35.4	31.89	6.9	-36.0	-32.82	6.8
80	46.4	41.18	8.4	-48.1	-42.16	8.6	47.1	40.08	7.4	-48.2	-40.75	8.6	47.6	39.68	6.8	-47.0	-39.34	6.9
100	58.2	47.53	8.4	-58.7	-47.41	9.1	59.8	45.06	7.7	-58.8	-45.19	7.5	59.7	43.84	7.4	-59.0	-44.25	7.3
120	71.2	51.72	8.7	-70.3	-50.43	9.2	70.9	47.87	7.9	-72.1	-47.89	7.5	71.7	45.46	7.3	-72.0	-45.19	7.5
140	82.7	53.08	8.4	-82.8	-46.25	9.9	83.9	49.99	6.6	-84.1	-43.30	7.4	83.6	47.98	6.4	-83.7	-41.48	7.1

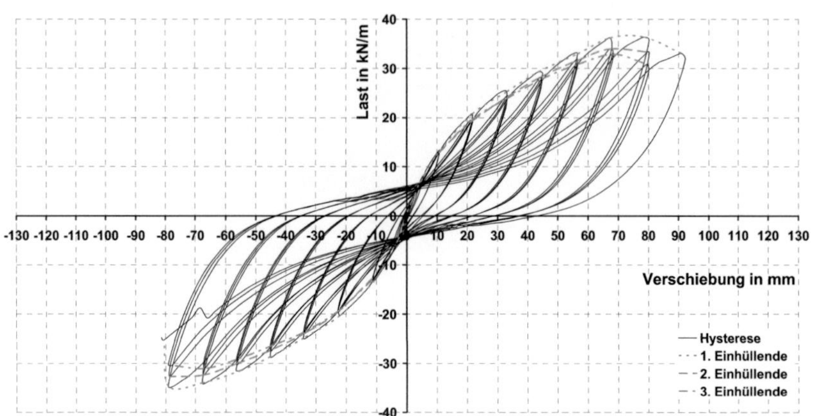

Bild 10-24   Last-Verschiebungsdiagramm L_N_Z_6

Tabelle 10-24   Versuchsergebnisse L_N_Z_6

L_N_Z_6		Versuchsergebnisse des zyklischen Versuches		
maximale Verschiebung aus monotonem Versuch	u_{max} = 60 mm	Verbindungsmittel	Klammern 1,83 x 64 mm, a_1 = 50 mm, a_2 = 30 mm, 1 Koppelbrett BFU, 5 Elemente	
Verschiebungsgeschwindigkeit für zyklischen Versuch	dr = 150 mm/min			
Gesamtdauer des Versuches	t_{tot} = 29 min	Zuganker	je 2 x TYP C an den Wandenden	
Äquivalente hysteretische Dämpfung	v_{ed} = Ed/(2*pi*Epot)	*) Wandlänge = 3,125 m	Grau unterlegte Felder: F_{max} und u_{max}	

	Erste Einhüllende						Zweite Einhüllende						Dritte Einhüllende					
	Positiv			Negativ			Positiv			Negativ			Positiv			Negativ		
% von u_{max}	mm	kN/m *)	v_{ed} in %	mm	kN/m *)	v_{ed} in %	mm	kN/m *)	v_{ed} in %	mm	kN/m *)	v_{ed} in %	mm	kN/m *)	v_{ed} in %	mm	kN/m *)	v_{ed} in %
1.25	0.2	0.82	-	-0.9	-1.51	-												
2.50	1.3	2.37	4.6	-1.6	-2.80	4.4												
5.00	2.7	4.28	4.5	-2.9	-4.93	6.3												
7.50	4.1	6.69	5.3	-4.3	-6.36	7.1												
10	5.6	8.30	5.9	-5.6	-7.87	7.3												
20	10.9	13.22	8.2	-10.6	-13.13	10.3	10.8	13.10	6.9	-11.2	-12.65	8.1	10.5	12.81	7.3	-11.3	-13.04	7.4
40	21.6	20.77	10.4	-22.2	-20.30	12.9	21.8	19.38	9.2	-22.8	-19.56	9.1	21.9	19.79	8.2	-22.6	-19.31	8.9
60	33.0	25.31	11.7	-34.1	-24.85	12.4	33.4	24.32	10.1	-33.1	-23.66	10.7	32.8	23.82	9.7	-34.0	-23.64	9.9
80	43.5	29.30	11.6	-45.3	-28.63	12.5	44.1	28.21	11.1	-45.4	-27.38	10.7	44.6	27.86	9.9	-44.2	-26.26	10.7
100	56.5	32.97	11.3	-55.2	-31.42	12.3	56.6	31.66	10.4	-56.7	-30.06	10.9	56.6	30.85	10.1	-56.6	-29.21	10.7
120	67.3	36.20	11.6	-67.7	-33.96	12.1	67.1	33.93	10.7	-67.5	-32.38	10.9	68.4	32.87	10.2	-67.1	-31.05	10.9
140	78.5	36.34	11.7	-79.1	-34.64	12.0	80.2	33.31	10.8	-78.8	-32.68	11.1	79.5	30.83	11.4	-77.9	-30.41	11.1
160	91.0	33.05	11.8	-80.7	-25.28	15.2												

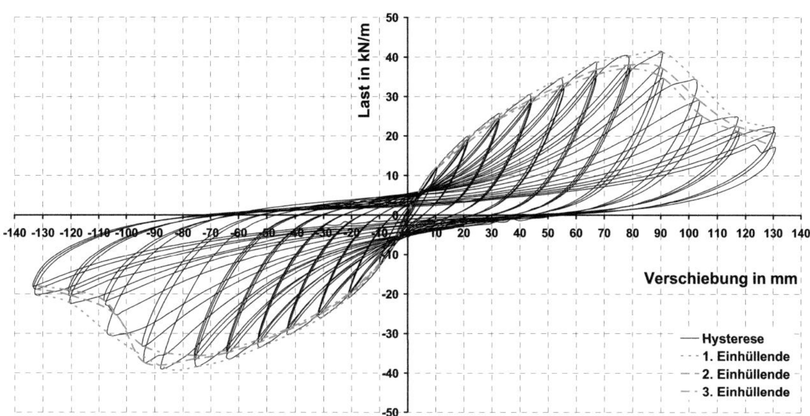

Bild 10-25　　　Last-Verschiebungsdiagramm L_N_Z_7

Tabelle 10-25　　　Versuchsergebnisse L_N_Z_7

L_N_Z_7	Versuchsergebnisse des zyklischen Versuches		
maximale Verschiebung aus monotonem Versuch	u_{max} = 60 mm	Verbindungsmittel	Klammern 1,83 x 64 mm, a_1 = 50 mm, a_2 = 30 mm, 1 Koppelbrett BFU, 5 Elemente
Verschiebungsgeschwindigkeit für zyklischen Versuch	dr = 150 mm/min		
Gesamtdauer des Versuches	t_{tot} = 64 min	Zuganker	je 2 x TYP C an den Wandenden
Äquivalente hysteretische Dämpfung	v_{ed} = Ed/(2*pi*Epot)	*) Wandlänge = 3,125 m	Grau unterlegte Felder: F_{max} und u_{max}

	Erste Einhüllende						Zweite Einhüllende						Dritte Einhüllende					
	Positiv			Negativ			Positiv			Negativ			Positiv			Negativ		
% von u_{max}	mm	kN/m *)	v_{ed} in %	mm	kN/m *)	v_{ed} in %	mm	kN/m *)	v_{ed} in %	mm	kN/m *)	v_{ed} in %	mm	kN/m *)	v_{ed} in %	mm	kN/m *)	v_{ed} in %
1.25	0.6	1.46	-	-0.5	-0.30	9.4												
2.50	0.8	1.95	6.9	-1.3	-1.74	3.9												
5.00	2.3	4.02	6.7	-2.9	-4.72	5.9												
7.50	3.9	5.65	6.3	-3.9	-6.37	7.2												
10	4.4	6.62	8.6	-5.0	-7.82	6.7												
20	9.7	11.76	9.2	-10.2	-13.06	8.6	10.7	11.94	7.2	-9.9	-12.53	8.1	10.6	11.95	6.6	-9.4	-11.87	8.0
40	21.6	19.77	10.0	-21.0	-20.90	10.6	21.2	19.07	8.3	-20.2	-19.76	9.2	21.6	18.47	8.0	-21.1	-19.89	8.0
60	32.9	25.52	10.5	-30.8	-25.99	12.0	32.0	24.39	10.0	-31.7	-25.36	9.6	32.8	24.27	8.8	-31.9	-24.81	9.3
80	43.5	30.56	11.7	-41.4	-30.01	12.0	44.0	29.39	9.8	-41.9	-28.93	10.6	44.2	28.66	9.3	-42.4	-28.72	9.8
100	54.8	34.67	11.5	-52.7	-33.54	12.4	55.1	33.04	10.5	-52.6	-32.18	11.0	55.2	32.25	10.2	-52.6	-31.50	10.8
120	67.2	38.65	10.5	-63.0	-36.43	11.7	67.0	36.79	9.8	-64.4	-34.90	10.4	66.8	35.52	10.2	-64.4	-34.20	10.1
140	78.5	40.24	10.8	-75.1	-38.39	12.0	77.8	37.95	10.1	-76.0	-36.48	10.4	79.2	37.13	9.6	-75.9	-35.57	10.1
160	90.6	41.21	10.4	-86.2	-38.77	11.3	89.6	37.52	10.4	-93.7	-37.35	12.0	90.9	34.61	10.5	-94.6	-32.99	11.4
180	102.3	34.34	13.0	-105.2	-30.59	14.3	103.6	29.01	11.7	-103.8	-25.27	14.7	104.6	25.07	11.3	-107.8	-21.82	12.2
200	115.5	24.94	11.9	-120.5	-22.26	12.6	116.4	22.54	10.7	-120.8	-20.25	11.9	117.3	21.03	10.8	-121.0	-19.07	10.9
220	128.7	22.23	10.3	-132.4	-20.27	12.3	130.7	20.82	9.4	-132.3	-18.83	10.7	130.7	17.17	10.7	-133.6	-17.89	9.7

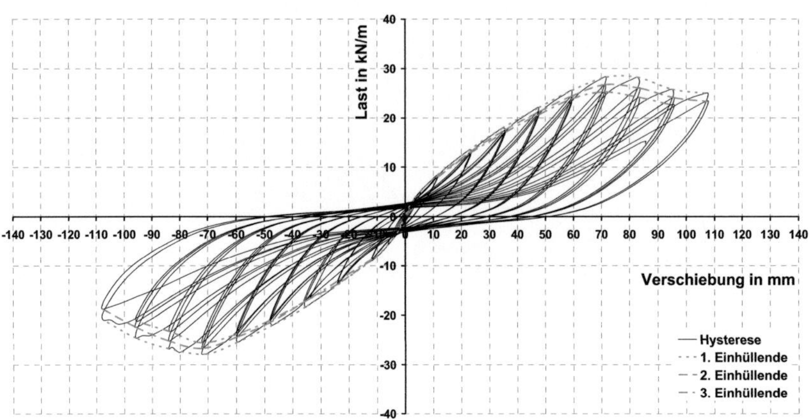

Bild 10-26   Last-Verschiebungsdiagramm L_N_Z_8

Tabelle 10-26   Versuchsergebnisse L_N_Z_8

L_N_Z_8	Versuchsergebnisse des zyklischen Versuches		
maximale Verschiebung aus monotonem Versuch	u_{max} = 60 mm	Verbindungsmittel	Klammern 1,83 x 64 mm, a_1 = 50 mm, a_2 = 30 mm, 1 Koppelbrett BFU, 2 Elemente
Verschiebungsgeschwindigkeit für zyklischen Versuch	dr = 150 mm/min		
Gesamtdauer des Versuches	t_{tot} = 42 min	Zuganker	je 2 x TYP C an den Wandenden
Äquivalente hysteretische Dämpfung	v_{ed} = Ed/(2*pi*Epot)	*) Wandlänge = 1,25 m	Grau unterlegte Felder: F_{max} und u_{max}

	Erste Einhüllende						Zweite Einhüllende						Dritte Einhüllende					
	Positiv			Negativ			Positiv			Negativ			Positiv			Negativ		
% von u_{max}	mm	kN/m *)	v_{ed} in %	mm	kN/m *)	v_{ed} in %	mm	kN/m *)	v_{ed} in %	mm	kN/m *)	v_{ed} in %	mm	kN/m *)	v_{ed} in %	mm	kN/m *)	v_{ed} in %
1.25	0.2	0.45		-0.8	-1.02													
2.50	1.2	1.77		-1.4	-1.86													
5.00	2.7	3.11	5.2	-2.3	-2.86													
7.50	3.4	3.80	8.9	-4.6	-4.60													
10	5.4	5.14	7.5	-6.1	-5.62													
20	11.4	8.42	9.1	-12.2	-8.97	7.6	10.9	7.94	8.6	-12.1	-8.82	7.4	11.7	8.05	7.6	-11.8	-8.60	5.5
40	22.4	13.33	6.6	-	-	-	23.7	13.30	7.9	-23.9	-13.64	7.4	23.1	12.82	8.5	-24.0	-13.08	
60	34.6	17.86	10.2	-35.5	-18.33	8.4	35.6	17.52	8.2	-34.1	-16.69	8.5	35.8	17.09	7.8	-35.1	-17.01	8.1
80	47.7	22.11	9.5	-47.2	-21.99	8.1	47.8	21.28	8.2	-47.7	-21.34	7.7	47.8	20.70	7.9	-48.1	-21.01	7.7
100	59.3	25.57	9.1	-59.7	-25.46	7.7	59.3	24.42	8.0	-59.7	-24.40	7.6	59.3	23.85	7.7	-59.7	-23.79	7.6
120	71.7	28.25	8.8	-70.8	-27.85	7.6	71.3	26.73	8.0	-72.2	-26.70	7.4	70.8	25.25	8.1	-72.1	-25.57	8.0
140	82.8	28.21	9.5	-84.2	-26.74	8.0	83.8	25.97	8.4	-84.1	-25.20	7.6	83.4	24.16	8.4	-83.4	-23.37	7.8
160	95.0	25.80	9.7	-95.9	-24.59	7.8	95.7	24.08	8.4	-96.3	-22.32	7.7	94.5	22.66	8.1	-95.4	-21.26	9.4
180	107.7	24.94	8.6	-107.5	-20.99	9.4	107.8	23.34	8.2	-108.0	-18.69							

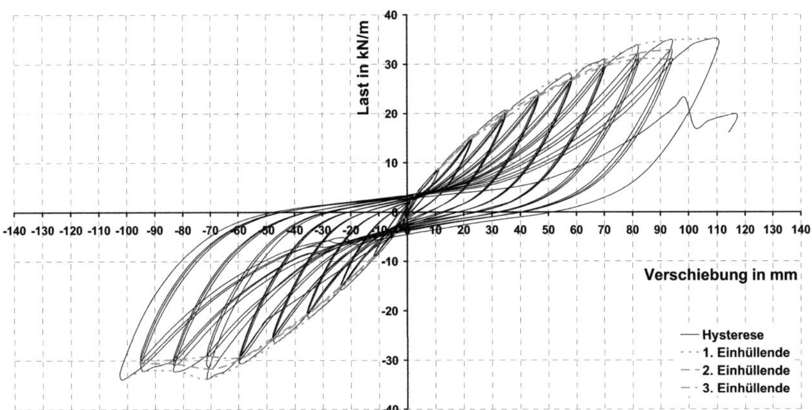

Bild 10-27   Last-Verschiebungsdiagramm L_N_Z_9

Tabelle 10-27   Versuchsergebnisse L_N_Z_9

L_N_Z_9	Versuchsergebnisse des zyklischen Versuches																	
maximale Verschiebung aus monotonem Versuch	u_{max} = 60 mm					Verbindungsmittel			Klammern 1,83 x 64 mm, a_1 = 50 mm, a_2 = 30 mm, 1 Koppelbrett BFU, 2 Elemente								
Verschiebungsgeschwindigkeit für zyklischen Versuch	dr = 150 mm/min																	
Gesamtdauer des Versuches	t_{tot} = 30 min					Zuganker			je 2 x TYP C an den Wandenden								
Äquivalente hysteretische Dämpfung	v_{ed} = Ed/(2*pi*Epot)					*) Wandlänge = 1,25 m			Grau unterlegte Felder: F_{max} und u_{max}								
	Erste Einhüllende						Zweite Einhüllende						Dritte Einhüllende					
	Positiv			Negativ			Positiv			Negativ			Positiv			Negativ		
% von u_{max}	mm	kN/m *)	v_{ed} in %	mm	kN/m *)	v_{ed} in %	mm	kN/m *)	v_{ed} in %	mm	kN/m *)	v_{ed} in %	mm	kN/m *)	v_{ed} in %	mm	kN/m *)	v_{ed} in %
1.25	0.5	0.98		-0.7	-0.78	7.9												
2.50	1.3	2.02		-1.7	-1.82	3.3												
5.00	2.4	3.14	2.1	-3.0	-3.17	4.2												
7.50	3.1	3.79	8.0	-4.1	-4.23	7.2												
10	5.4	4.83	6.6	-5.7	-5.40	7.5												
20	11.5	8.86	6.5	-11.9	-9.40	7.5	10.8	8.46	6.5	-11.9	-8.99	7.6	11.5	8.78	5.1	-11.6	-9.01	6.2
40	23.1	15.46	8.0	-23.8	-15.57	9.0	23.1	15.11	5.9	-23.9	-15.29	9.0	23.1	14.89	5.6	-23.9	-15.11	6.0
60	35.1	20.45	8.4	-34.8	-21.43	9.6	34.8	20.04	6.6	-35.9	-20.94	9.6	34.9	19.20	6.4	-35.4	-20.53	6.6
80	45.4	24.53	8.9	-46.9	-26.46	9.5	46.0	23.65	7.7	-47.5	-25.73	9.5	46.5	23.42	6.9	-47.8	-25.41	6.7
100	57.1	28.02	8.9	-58.0	-30.46	8.9	58.6	27.08	7.4	-59.7	-29.78	8.9	58.5	26.72	7.0	-59.6	-29.35	6.9
120	70.4	30.77	8.7	-71.4	-33.71	10.5	69.5	29.94	8.0	-69.7	-31.69	10.5	70.4	29.56	7.4	-71.1	-29.23	8.3
140	82.1	33.77	8.7	-81.7	-32.21	9.9	82.2	32.12	8.0	-83.6	-30.67	9.9	82.2	31.02	7.8	-83.6	-29.88	8.4
160	92.3	34.70	8.7	-94.2	-32.15	10.9	94.2	32.93	8.1	-95.5	-30.63	10.9	94.4	30.90	8.0	-95.1	-29.86	8.5
180	109.5	35.18	9.8	-101.9	-33.91	9.6												

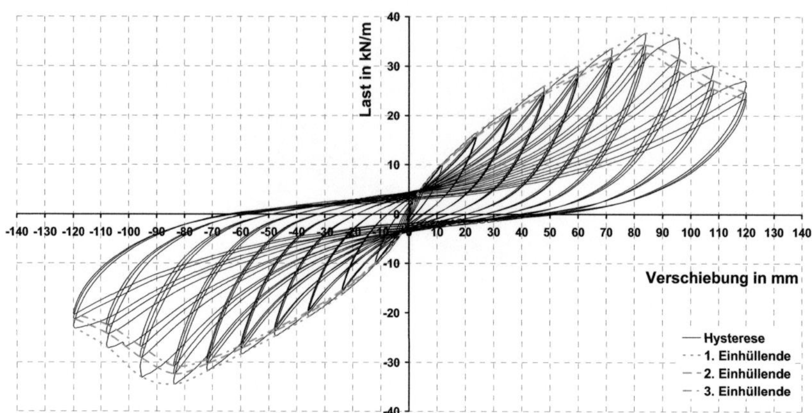

Bild 10-28   Last-Verschiebungsdiagramm L_N_Z_10

Tabelle 10-28   Versuchsergebnisse L_N_Z_10

L_N_Z_10	Versuchsergebnisse des zyklischen Versuches		
maximale Verschiebung aus monotonem Versuch	u_{max} = 60 mm	Verbindungsmittel	Klammern 1,83 x 64 mm, a_1 = 50 mm, a_2 = 30 mm, 1 Koppelbrett BFU, 3 Elemente
Verschiebungsgeschwindigkeit für zyklischen Versuch	dr = 200 mm/min		
Gesamtdauer des Versuches	t_{tot} = min	Zuganker	je 2 x TYP C an den Wandenden
Äquivalente hysteretische Dämpfung	v_{ed} = Ed/(2*pi*Epot)	*) Wandlänge = 1,875 m	Grau unterlegte Felder: F_{max} und u_{max}

	Erste Einhüllende						Zweite Einhüllende						Dritte Einhüllende					
	Positiv			Negativ			Positiv			Negativ			Positiv			Negativ		
% von u_{max}	mm	kN/m *)	v_{ed} in %	mm	kN/m *)	v_{ed} in %	mm	kN/m *)	v_{ed} in %	mm	kN/m *)	v_{ed} in %	mm	kN/m *)	v_{ed} in %	mm	kN/m *)	v_{ed} in %
1.25	0.7	1.41	-	-0.7	-1.29	-												
2.50	1.5	2.44	2.1	-1.5	-2.32	2.0												
5.00	2.9	3.99	5.3	-3.0	-3.98	6.6												
7.50	4.4	5.25	9.2	-4.4	-5.28	9.1												
10	5.9	6.37	11.6	-5.8	-6.43	8.3												
20	11.7	10.10	10.3	-12.0	-10.08	11.2	11.9	10.05	8.7	-11.9	-9.99	11.0	11.9	9.98	8.7	-11.9	-9.90	9.3
40	23.8	16.35	10.1	-23.6	-16.14	13.6	23.8	15.93	8.8	-23.7	-15.64	10.8	23.8	15.70	8.2	-23.9	-15.40	10.2
60	35.4	21.37	11.2	-35.7	-20.74	11.7	35.8	20.65	9.3	-35.7	-20.03	10.2	35.8	20.29	8.9	-35.7	-19.67	9.5
80	47.5	25.85	10.4	-47.7	-24.66	11.5	47.8	24.81	9.2	-47.7	-23.70	9.8	47.8	24.32	8.9	-47.7	-23.22	9.3
100	59.5	29.88	9.9	-59.7	-28.29	10.9	59.6	28.54	9.7	-59.7	-27.21	9.8	59.9	27.87	9.0	-59.8	-26.59	9.3
120	71.6	33.51	10.3	-71.3	-31.65	10.5	71.6	31.84	8.9	-71.8	-30.30	9.3	71.6	30.90	8.9	-71.8	-29.50	9.0
140	83.6	36.62	9.3	-83.3	-34.44	10.0	83.6	34.27	8.2	-83.8	-32.36	9.2	83.6	32.72	7.8	-83.8	-30.79	8.2
160	95.0	35.65	11.5	-95.4	-33.05	11.2	95.6	31.50	9.8	-95.8	-29.09	10.6	95.6	28.95	9.7	-95.8	-26.82	10.2
180	107.6	30.14	10.8	-107.4	-27.15	12.0	107.7	27.20	10.3	-107.4	-24.30	11.1	107.6	25.49	10.2	-107.4	-22.57	10.7
200	119.7	27.05	10.6	-119.3	-23.16	12.1	119.5	24.83	10.5	-119.7	-21.27	11.4	119.8	23.45	9.3	-119.6	-20.33	9.9

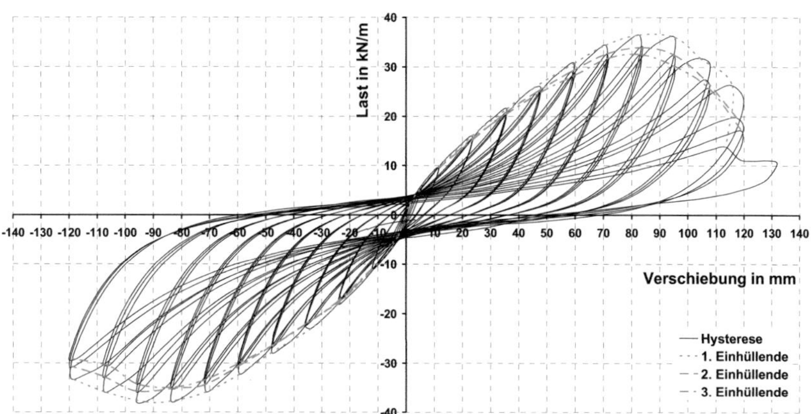

Bild 10-29   Last-Verschiebungsdiagramm L_N_Z_11

Tabelle 10-29   Versuchsergebnisse L_N_Z_11

L_N_Z_11	Versuchsergebnisse des zyklischen Versuches			
maximale Verschiebung aus monotonem Versuch	u_{max} = 60 mm	Verbindungsmittel	Klammern 1,83 x 64 mm, a_1 = 50 mm, a_2 = 30 mm, 1 Koppelbrett BFU, 3 Elemente	
Verschiebungsgeschwindigkeit für zyklischen Versuch	dr = 300 mm/min			
Gesamtdauer des Versuches	t_{tot} = 29 min	Zuganker	je 2 x TYP C an den Wandenden	
Äquivalente hysteretische Dämpfung	v_{ed} = Ed/(2*pi*Epot)	*) Wandlänge = 1,875 m	Grau unterlegte Felder: F_{max} und u_{max}	

	Erste Einhüllende						Zweite Einhüllende						Dritte Einhüllende					
	Positiv			Negativ			Positiv			Negativ			Positiv			Negativ		
% von u_{max}	mm	kN/m *)	v_{ed} in %	mm	kN/m *)	v_{ed} in %	mm	kN/m *)	v_{ed} in %	mm	kN/m *)	v_{ed} in %	mm	kN/m *)	v_{ed} in %	mm	kN/m *)	v_{ed} in %
1.25	0.5	1.17	-	-0.1	-0.35	-												
2.50	1.3	2.22	-	-1.6	-2.24	1.7												
5.00	2.8	3.63	3.3	-2.9	-4.39	7.1												
7.50	4.3	4.78	8.3	-4.5	-5.34	7.5												
10	5.8	6.06	7.7	-4.6	-6.27	14.1												
20	11.5	9.68	11.3	-11.8	-11.05	14.1	11.7	9.61	10.0	-12.0	-10.94	8.7	11.8	9.54	8.4	-12.1	-10.87	9.2
40	23.4	15.99	10.8	-24.0	-17.98	11.0	23.8	15.30	9.5	-22.6	-17.01	10.3	23.5	15.46	8.7	-24.0	-17.39	8.7
60	35.7	21.53	10.5	-33.8	-23.02	11.8	35.6	20.89	9.1	-36.1	-22.19	9.2	35.4	20.41	9.2	-36.1	-22.29	8.8
80	45.1	25.68	10.6	-48.0	-27.84	11.1	46.7	25.08	10.7	-48.1	-26.60	9.4	47.7	24.85	9.0	-46.9	-26.17	10.0
100	59.6	30.77	10.1	-59.4	-32.27	10.6	58.5	29.07	10.2	-58.1	-30.06	9.6	59.9	28.36	9.0	-60.1	-30.16	8.9
120	70.8	34.44	11.3	-71.2	-35.87	10.2	71.3	32.70	9.2	-71.7	-34.38	9.0	71.6	31.78	8.8	-71.9	-33.47	8.8
140	82.6	36.48	10.9	-83.8	-37.78	10.2	83.9	33.92	9.4	-81.7	-35.07	9.3	82.8	32.53	10.2	-83.9	-34.94	8.8
160	95.3	35.97	10.3	-92.9	-37.93	10.2	95.0	32.43	9.9	-96.1	-35.71	9.2	94.6	30.31	10.7	-96.0	-34.21	9.0
180	104.2	31.80	11.7	-107.6	-35.82	10.5	105.8	27.51	11.5	-108.1	-32.71	9.6	107.4	25.71	10.5	-105.9	-30.62	9.7
200	115.6	26.31	13.9	-119.4	-33.17	10.8	117.4	19.69	15.1	-120.0	-30.57	10.0	119.1	17.04	12.7	-120.1	-29.11	9.5
220	113.4	13.78	20.3															

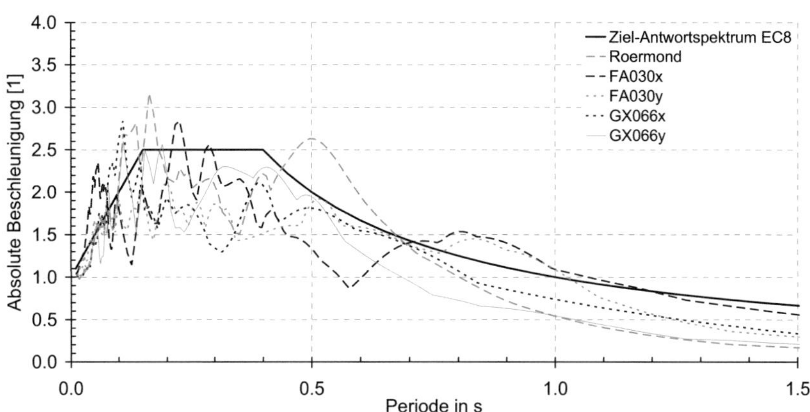

Bild 11-1   Antwortspektren der Beben Roermond – L'Aquila GX066y (normiert)

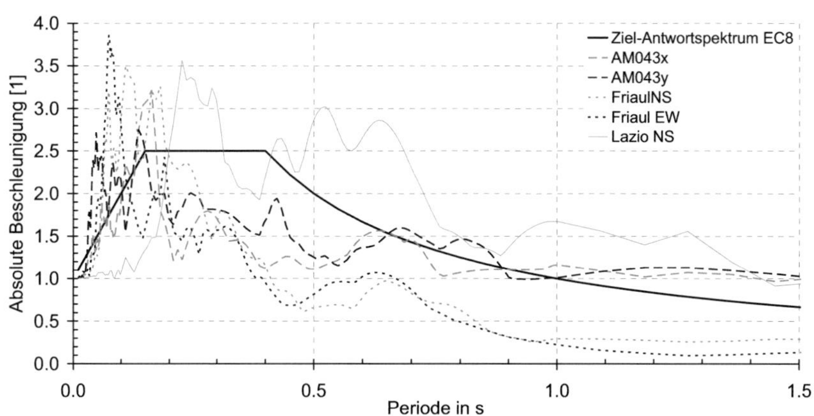

Bild 11-2   Antwortspektren der Beben L'Aquila AM043x – Lazio NS (normiert)

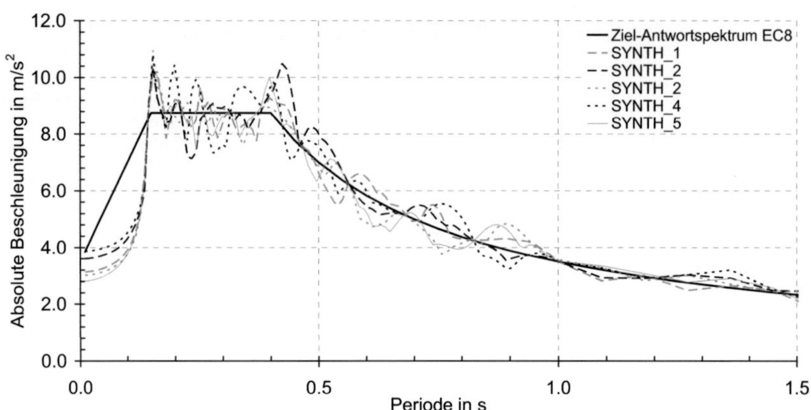

Bild 11-3   Antwortspektren der Beben SYNTH_1 – SYNTH_5

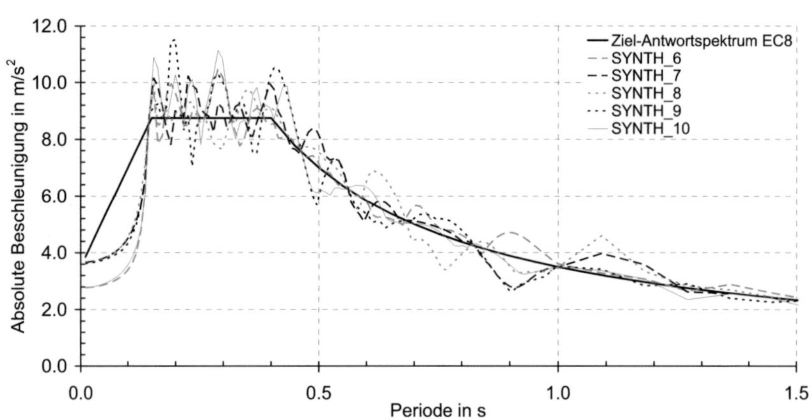

Bild 11-4   Antwortspektren der Beben SYNTH_6 – SYNTH_10

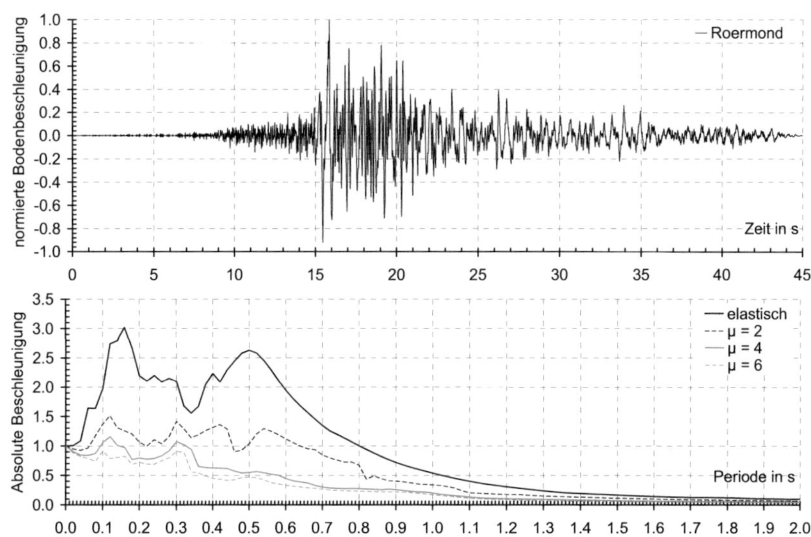

Bild 11-5　Bodenbeschleunigung und inelastische Antwortspektren Roermond

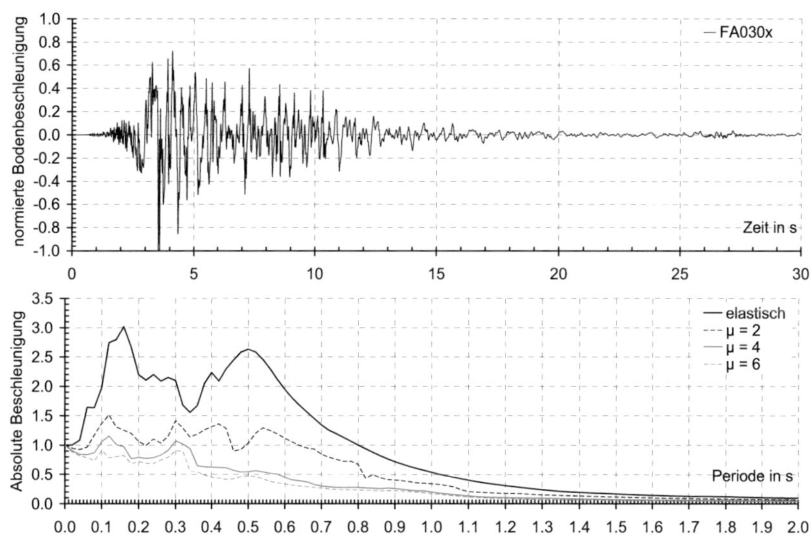

Bild 11-6　Bodenbeschleunigung und inelastische Antwortspektren FA030x

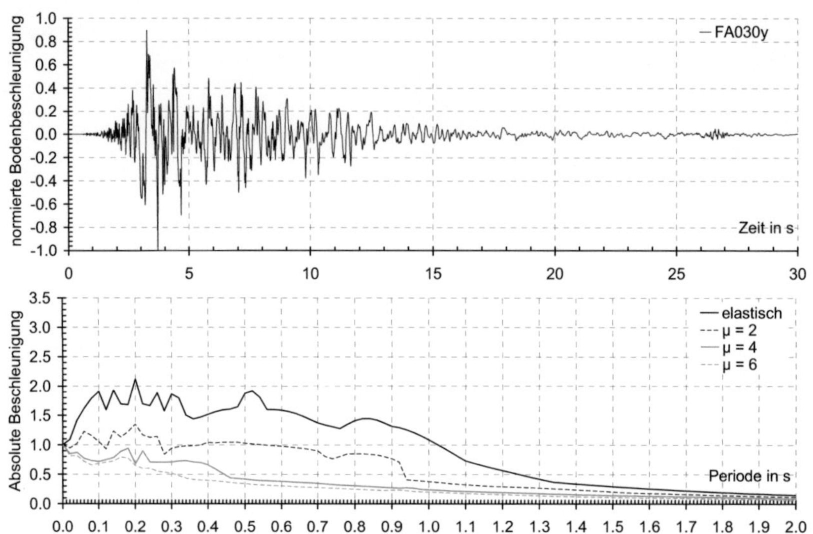

Bild 11-7   Bodenbeschleunigung und inelastische Antwortspektren FA030y

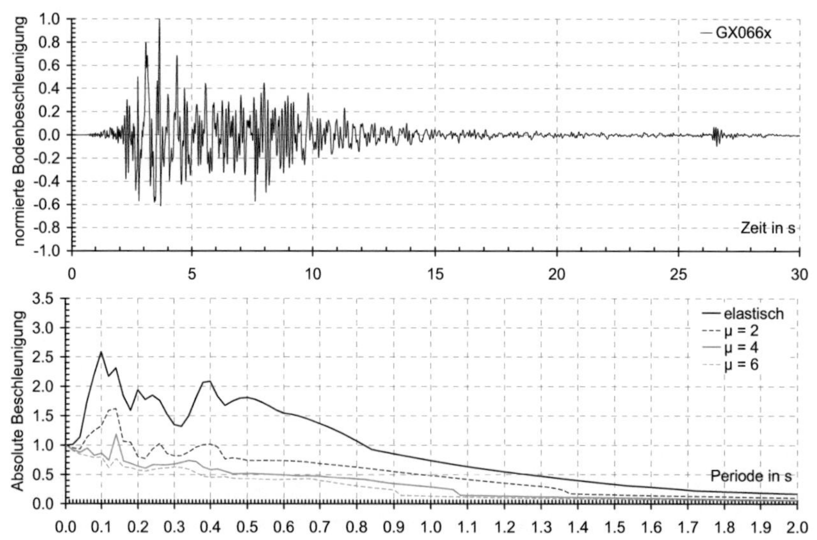

Bild 11-8   Bodenbeschleunigung und inelastische Antwortspektren GX066x

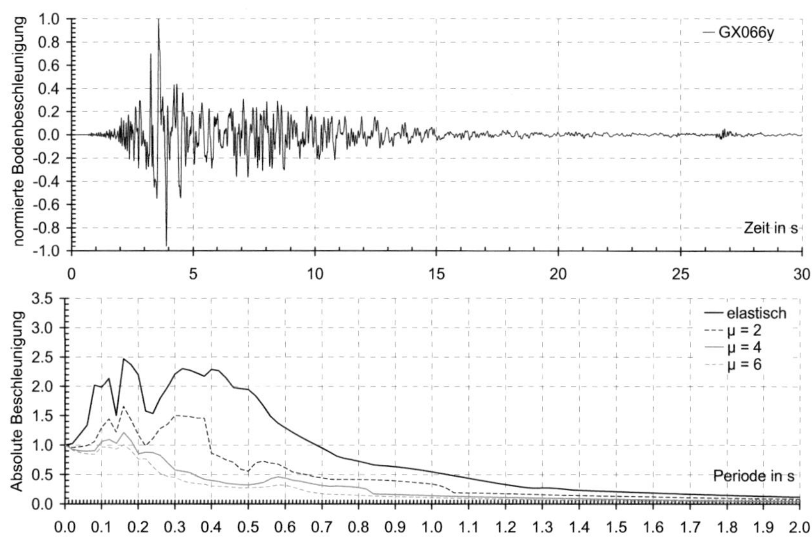

Bild 11-9   Bodenbeschleunigung und inelastische Antwortspektren GX066y

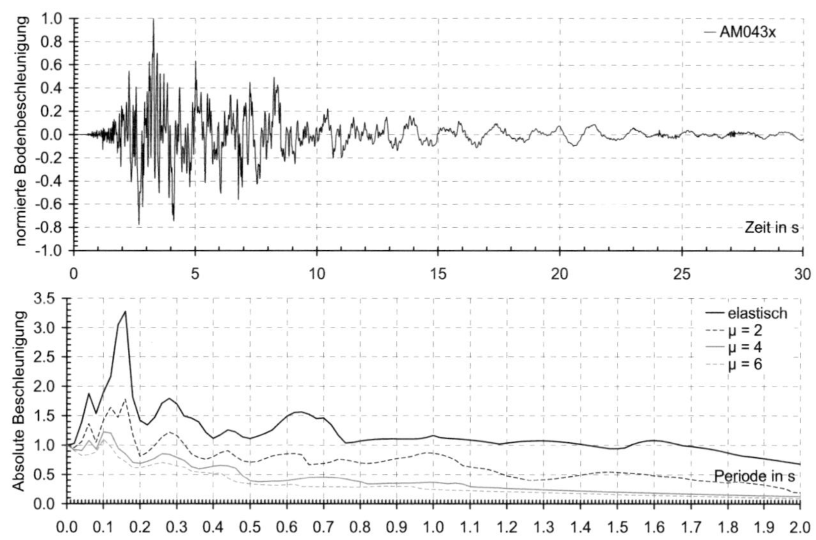

Bild 11-10   Bodenbeschleunigung und inelastische Antwortspektren AM043x

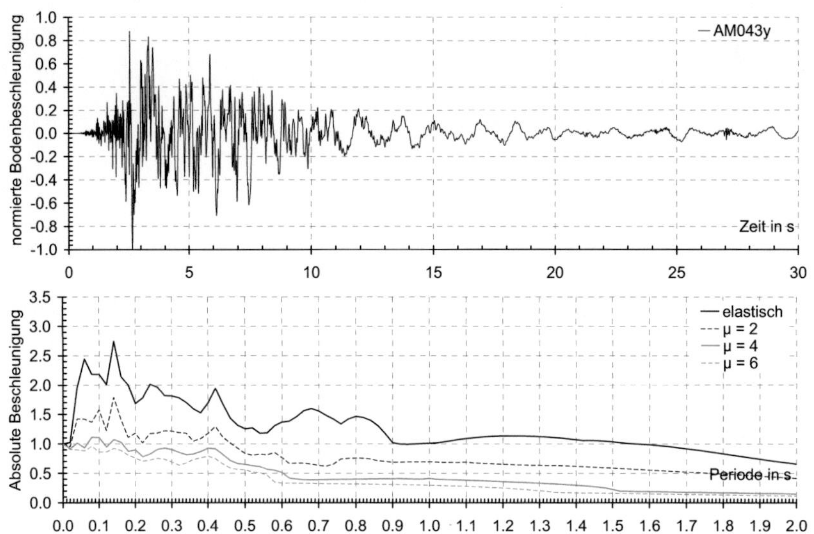

Bild 11-11   Bodenbeschleunigung und inelastische Antwortspektren AM043y

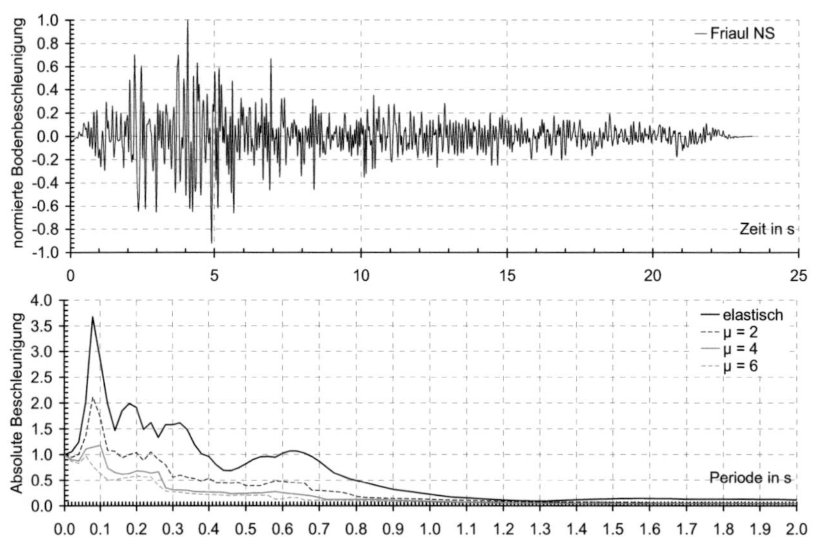

Bild 11-12   Bodenbeschleunigung und inelastische Antwortspektren Friaul NS

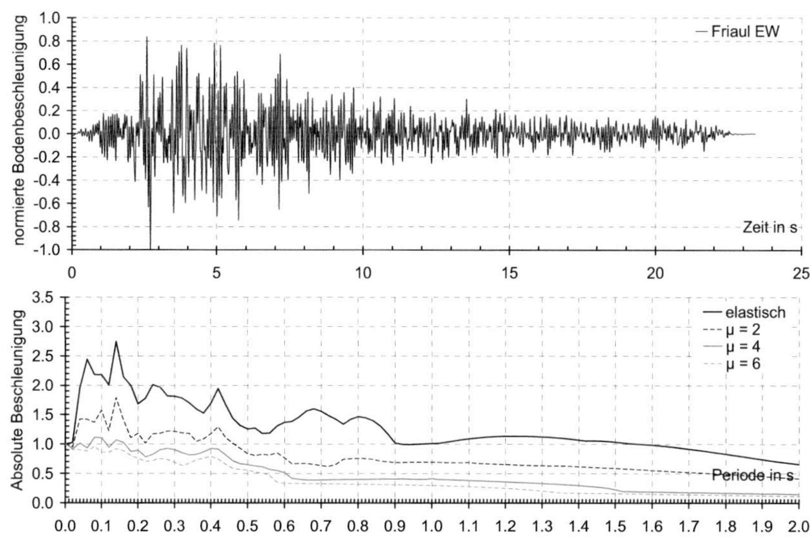

Bild 11-13　Bodenbeschleunigung und inelastische Antwortspektren Friaul EW

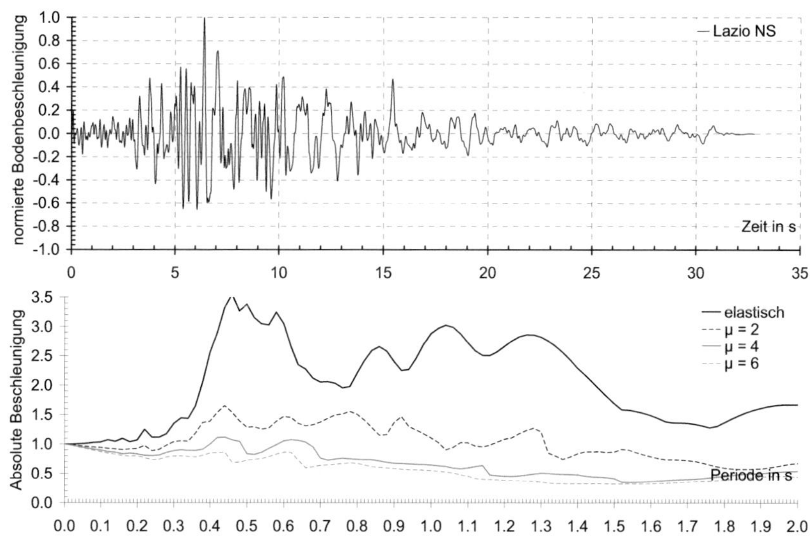

Bild 11-14　Bodenbeschleunigung und inelastische Antwortspektren Lazio NS

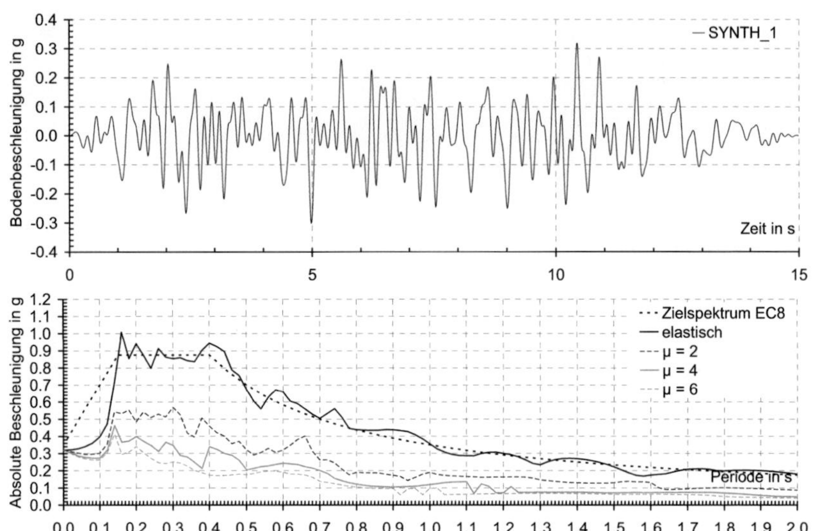

Bild 11-15   Bodenbeschleunigung und inelastische Antwortspektren SYNTH_1

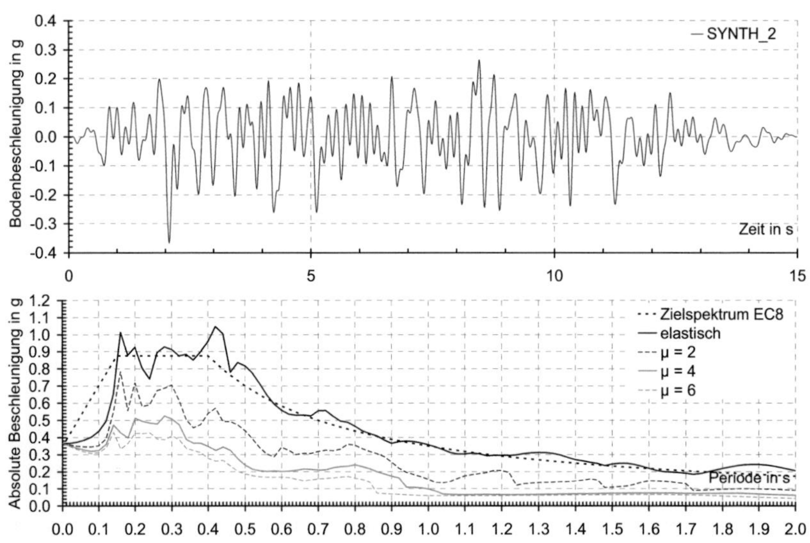

Bild 11-16   Bodenbeschleunigung und inelastische Antwortspektren SYNTH_2

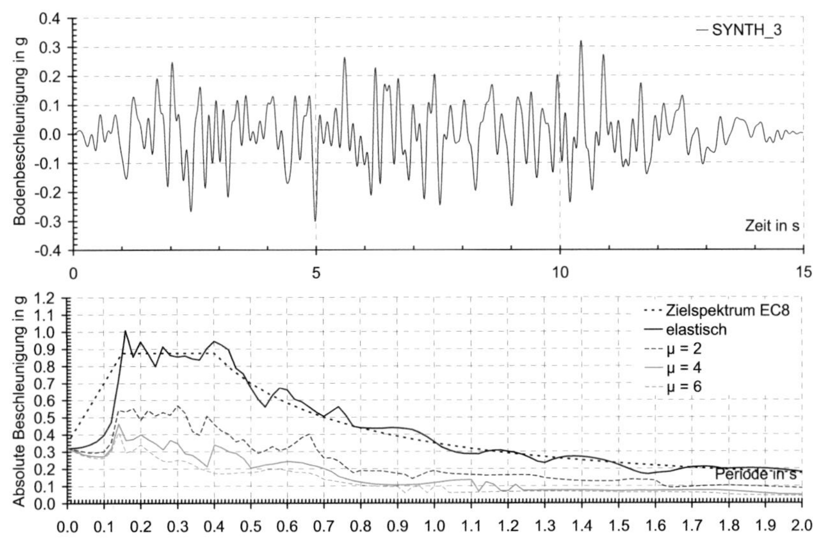

Bild 11-17   Bodenbeschleunigung und inelastische Antwortspektren SYNTH_3

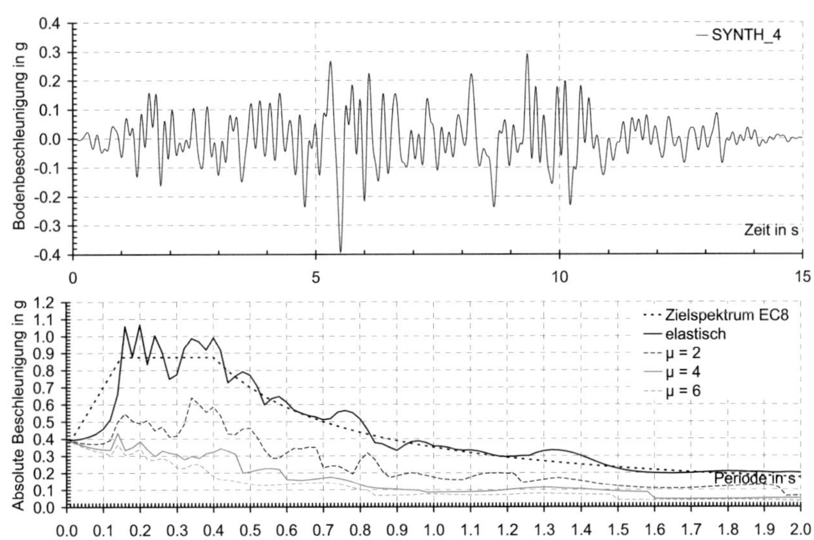

Bild 11-18   Bodenbeschleunigung und inelastische Antwortspektren SYNTH_4

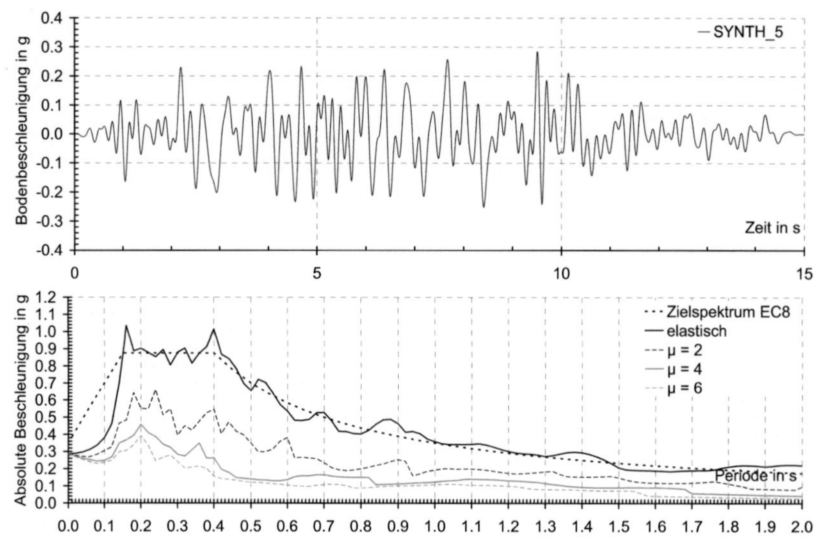

Bild 11-19 Bodenbeschleunigung und inelastische Antwortspektren SYNTH_5

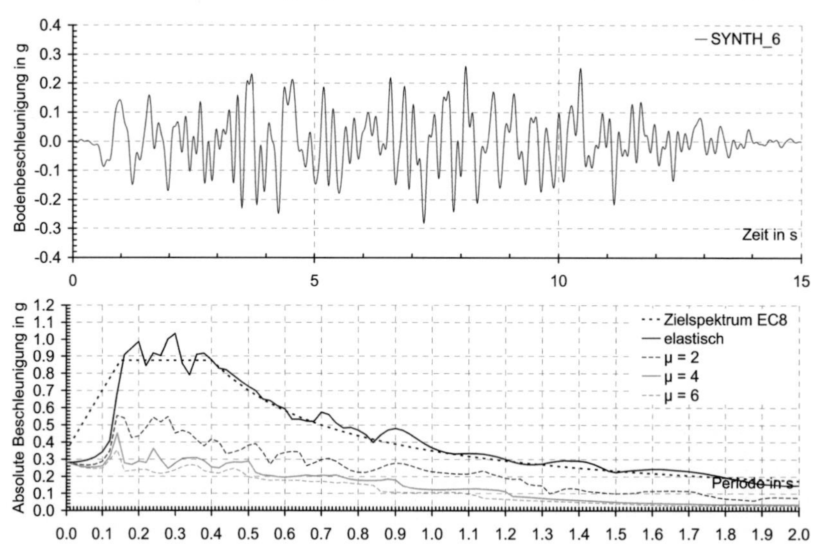

Bild 11-20 Bodenbeschleunigung und inelastische Antwortspektren SYNTH_6

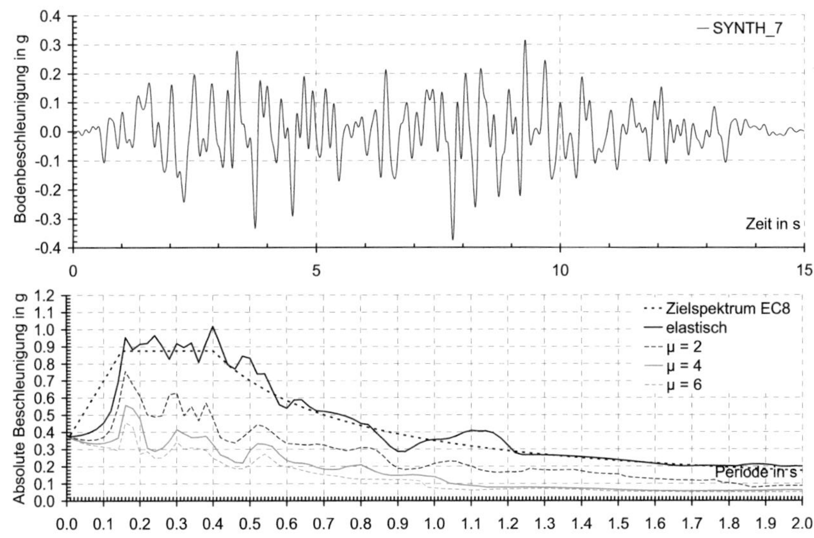

Bild 11-21   Bodenbeschleunigung und inelastische Antwortspektren SYNTH_7

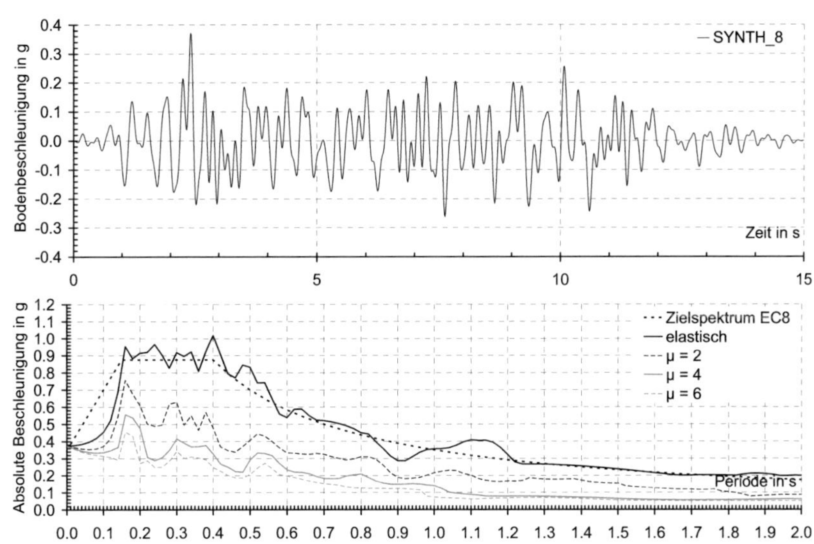

Bild 11-22   Bodenbeschleunigung und inelastische Antwortspektren SYNTH_8

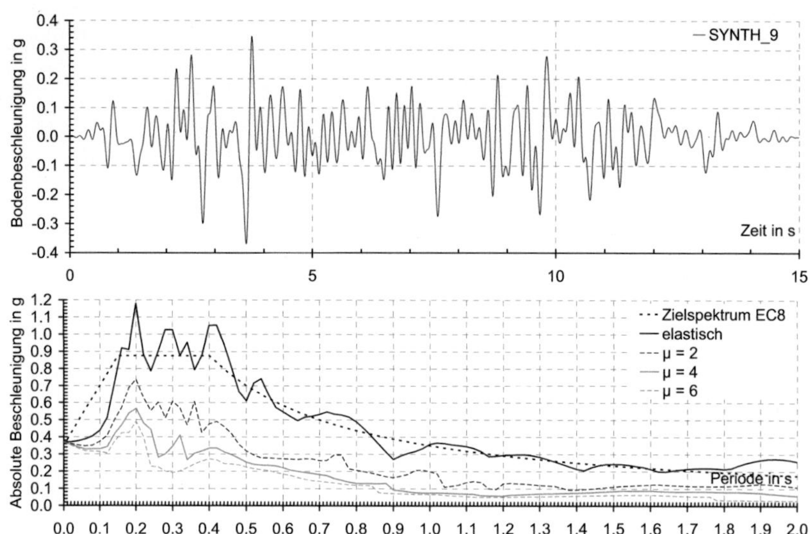

Bild 11-23   Bodenbeschleunigung und inelastische Antwortspektren SYNTH_9

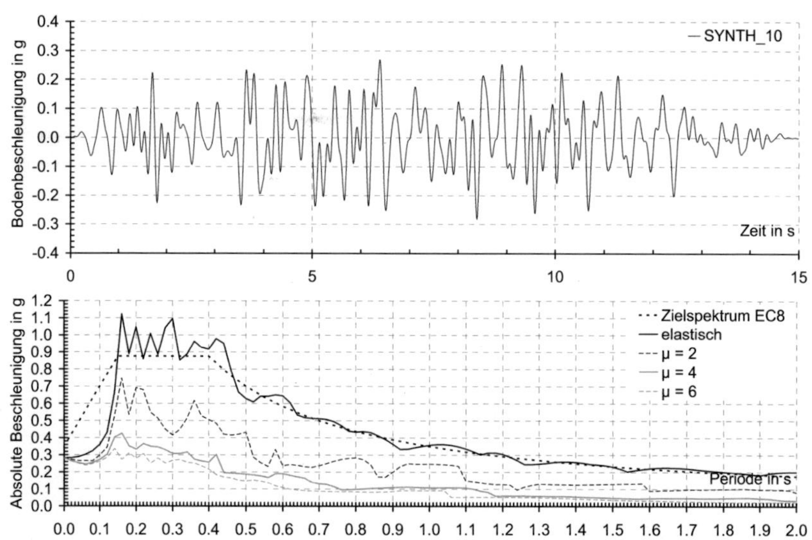

Bild 11-24   Bodenbeschleunigung und inelastische Antwortspektren SYNTH_10